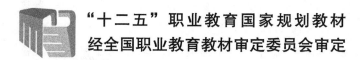

"十二五"职业教育国家规划教材
经全国职业教育教材审定委员会审定

多媒体制作

张兴华　主　编
寇义锋　刘学雷　副主编
郭　华　张全尚　李新旺　参　编

电子工业出版社
Publishing House of Electronics Industry
北京·BEIJING

内 容 简 介

本书根据教育部颁发的《中等职业学校专业教学标准（试行）信息技术类（第一辑）》中的相关教学内容和要求编写。本书的编写从满足经济发展对高素质劳动者和技能型人才的需求出发，在课程结构、教学内容、教学方法等方面进行了新的探索与改革创新，以利于学生更好地掌握本课程的内容，利于学生理论知识的掌握和实际操作技能的提高。

本书深入浅出地讲解多媒体制作的流程及每个环节的操作要点，是一本专门针对需要独立完成多媒体作品制作的人群而编写的，完全根据"如何独立完成多媒体作品的制作"展开。用不同的章节分别完成静态图像的采集与加工、音频的采集与加工、视频的采集与加工、动态图像（动画）的制作和各种媒体的集成。

全书主要涉及 Adobe 公司的 5 种软件，分别是 Photoshop、Audition、Premiere、Flash、Authorware，在不同的章节分别由浅入深、循序渐进地进行应用讲解，重点突出，易学易用。

本书可以作为中等职业学校计算机应用专业的专业核心教材，也可作为各类多媒体制作培训班学员的参考用书。本书配有教学指南、电子教案和案例素材，详见前言。

未经许可，不得以任何方式复制或抄袭本书之部分或全部内容。
版权所有，侵权必究。

图书在版编目（CIP）数据

多媒体制作 / 张兴华主编. —北京：电子工业出版社，2016.3

ISBN 978-7-121-24959-4

Ⅰ.①多… Ⅱ.①张… Ⅲ.①多媒体技术—中等专业学校—教材 Ⅳ.①TP37

中国版本图书馆 CIP 数据核字（2014）第 275657 号

策划编辑：关雅莉
责任编辑：郝黎明
印　　刷：北京虎彩文化传播有限公司
装　　订：北京虎彩文化传播有限公司
出版发行：电子工业出版社
　　　　　北京市海淀区万寿路 173 信箱　邮编　100036
开　　本：787×1 092　1/16　印张：16.75　字数：428.8 千字
版　　次：2016 年 3 月第 1 版
印　　次：2023 年 1 月第 11 次印刷
定　　价：32.00 元

凡所购买电子工业出版社图书有缺损问题，请向购买书店调换。若书店售缺，请与本社发行部联系，联系及邮购电话：（010）88254888，88258888。
质量投诉请发邮件至 zlts@phei.com.cn，盗版侵权举报请发邮件至 dbqq@phei.com.cn。
本书咨询联系方式：（010）88254617，luomn@phei.com.cn。

编审委员会名单

主任委员：

武马群

副主任委员：

王 健　韩立凡　何文生

委　　员：

丁文慧	丁爱萍	于志博	马广月	马永芳	马玥桓	王 帅	王 苒	王 彬
王晓姝	王家青	王皓轩	王新萍	方 伟	方松林	孔祥华	龙天才	龙凯明
卢华东	由相宁	史宪美	史晓云	冯理明	冯雪燕	毕建伟	朱文娟	朱海波
向 华	刘 凌	刘 猛	刘小华	刘天真	关 莹	江永春	许昭霞	孙宏仪
杜 珺	杜宏志	杜秋磊	李 飞	李 娜	李华平	李宇鹏	杨 杰	杨 怡
杨春红	吴 伦	何 琳	佘运祥	邹贵财	沈大林	宋 薇	张 平	张 侨
张 玲	张士忠	张文库	张东义	张兴华	张呈江	张建文	张凌杰	张媛媛
陆 沁	陈 玲	陈 颜	陈丁君	陈天翔	陈观诚	陈佳玉	陈泓吉	陈学平
陈道斌	范铭慧	罗 丹	周 鹤	周海峰	庞 震	赵艳莉	赵晨阳	赵增敏
郝俊华	胡 尹	钟 勤	段 欣	段 标	姜全生	钱 峰	徐 宁	徐 兵
高 强	高 静	郭 荔	郭立红	郭朝勇	黄 彦	黄汉军	黄洪杰	崔长华
崔建成	梁 姗	彭仲昆	葛艳玲	董新春	韩雪涛	韩新洲	曾平驿	曾祥民
温 晞	谢世森	赖福生	谭建伟	戴建耘	魏茂林			

序 | PROLOGUE

当今是一个信息技术主宰的时代,以计算机应用为核心的信息技术已经渗透到人类活动的各个领域,彻底改变着人类传统的生产、工作、学习、交往、生活和思维方式。和语言和数学等能力一样,信息技术应用能力也已成为人们必须掌握的、最为重要的基本能力。职业教育作为国民教育体系和人力资源开发的重要组成部分,信息技术应用能力和计算机相关专业领域专项应用能力的培养,始终是职业教育培养多样化人才,传承技术技能,促进就业创业的重要载体和主要内容。

信息技术的发展,特别是数字媒体、互联网、移动通信等技术的普及应用,使信息技术的应用形态和领域都发生了重大的变化。第一,计算机技术的使用扩展至前所未有的程度,桌面电脑和移动终端(智能手机、平板电脑等)的普及,网络和移动通信技术的发展,使信息的获取、呈现与处理无处不在,人类社会生产、生活的诸多领域已无法脱离信息技术的支持而独立进行。第二,信息媒体处理的数字化衍生出新的信息技术应用领域,如数字影像、计算机平面设计、计算机动漫游戏、虚拟现实等;第三,信息技术与其他业务的应用有机地结合,如与商业、金融、交通、物流、加工制造、工业设计、广告传媒、影视娱乐等结合,形成了一些独立的生态体系,综合信息处理、数据分析、智能控制、媒体创意、网络传播等日益成为当前信息技术的主要应用领域,并诞生了云计算、物联网、大数据、3D 打印等指引未来信息技术应用的发展方向。

信息技术的不断推陈出新及应用领域的综合化和普及化,直接影响着技术、技能型人才的信息技术能力的培养定位,并引领着职业教育领域信息技术或计算机相关专业与课程改革、配套教材的建设,使之不断推陈出新、与时俱进。

2009 年,教育部颁布了《中等职业学校计算机应用基础大纲》,2014 年,教育部在 2010 年新修订的专业目录基础上,相继颁布了"计算机应用、数字媒体技术应用、计算机平面设计、计算机动漫与游戏制作、计算机网络技术、网站建设与管理、软件与信息服务、客户信息服务、计算机速录"等 9 个信息技术类相关专业的教学标准,确定了教学实施及核心课程内容的指导意见。本套教材就是以此为依据,结合当前最新的信息技术发展趋势和企业应用案例组织开发和编写的。

本套系列教材的主要特色

- **对计算机专业类相关课程的教学内容进行重新整合**

本套教材面向学生的基础应用能力，设定了系统操作、文档编辑、网络使用、数据分析、媒体处理、信息交互、外设与移动设备应用、系统维护维修、综合业务运用等内容；针对专业应用能力，根据专业和职业能力方向的不同，结合企业的具体应用业务规划了教材内容。

- **以岗位工作过程来确定学习任务和目标，综合提升学生的专业能力、过程能力和职位差异能力**

本套教材通过工作过程为导向的教学模式和模块化的知识能力整合结构，体现产业需求与专业设置、职业标准与课程内容、生产过程与教学过程、职业资格证书与学历证书、终身学习与职业教育的"五对接"。从学习目标到内容的设计上，本套教材不再仅仅是专业理论内容的复制，而是经由职业岗位实践——工作过程与岗位能力分析——技能知识学习应用内化的学习实训导引和案例。借助知识的重组与技能的强化，达到企业岗位情境和教学内容要求相贯通的课程融合目标。

- **以项目教学和任务案例实训作为主线**

本套教材通过项目教学，构建了工作业务的完整流程和岗位能力需求体系。项目的确定应遵循三个基本目标：核心能力的熟练程度，技术更新与延伸的再学习能力，不同业务情境应用的适应性。教材借助以校企合作为基础的实训任务，以应用能力为核心、以案例为线索，通过设立情境、任务解析、引导示范、基础练习、难点解析与知识延伸、能力提升训练和总结评价等环节引领学者在任务的完成过程中积累技能、学习知识，并迁移到不同业务情境的任务解决过程中，使学者在未来可以从容面对不同应用场景的工作岗位。

当前，全国职业教育领域都在深入贯彻全国工作会议精神，学习领会中央领导对职业教育的重要批示，全力加快推进现代职业教育。国务院出台的《加快发展现代职业教育的决定》明确提出要"形成适应发展需求、产教深度融合、中职高职衔接、职业教育与普通教育相互沟通，体现终身教育理念，具有中国特色、世界水平的现代职业教育体系"。现代职业教育体系的建立将带来人才培养模式、教育教学方式和办学体制机制的巨大变革，这无疑给职业院校信息技术应用人才培养提出了新的目标。计算机类相关专业的教学必须要适应改革，始终把握技术发展和技术技能人才培养的最新动向，坚持产教融合、校企合作、工学结合、知行合一，为培养出更多适应产业升级转型和经济发展的高素质职业人才做出更大贡献！

2014 年 11 月于大连

前言 | PREFACE

为建立健全教育质量保障体系，提高职业教育质量，教育部于2014年颁布了《中等职业学校专业教学标准》（以下简称"专业教学标准"）。"专业教学标准"是指导和管理中等职业学校教学工作的主要依据，是保证教育教学质量和人才培养规格的纲领性教学文件。在"教育部办公厅关于公布首批《中等职业学校专业教学标准（试行）》目录的通知"（教职成厅[2014]11号文）中，强调"专业教学标准是开展专业教学的基本文件，是明确培养目标和规格、组织实施教学、规范教学管理、加强专业建设、开发教材和学习资源的基本依据，是评估教育教学质量的主要标尺，同时也是社会用人单位选用中等职业学校毕业生的重要参考"。

本书特色

本书根据教育部颁发的《中等职业学校专业教学标准（试行）信息技术类（第一辑）》中的相关教学内容和要求编写。

本书深入浅出地讲解多媒体制作的流程及每个环节的操作要点，是一本专门针对需要独立完成多媒体作品制作的人群而编写的。本书达成目标明确——独立完成多媒体作品的制作，整本书的编写完全根据"如何独立完成多媒体作品的制作"展开，一个多媒体作品的主要元素包括文字、静态图像、动态图像、音频、视频。本书以此为主线，用不同的章节分别完成静态图像的采集与加工、音频的采集与加工、视频的采集与加工、动态图像（动画）的制作，以及各种媒体的集成。

本书的特色是以制作和应用为出发点，而非侧重于软件的讲解，软件只是我们制作和应用的工具，软件涉及的深度与广度由制作和应用的需求而定，所以本书不同于把每个软件单独作为一门课程进行讲解的教学用书。

全书主要涉及Adobe公司的5种软件，分别是Photoshop、Audition、Premiere、Flash、Authorware，在不同的章节分别由浅入深、循序渐进地进行应用讲解，重点突出，易学易用。

本书共分6个章节，第1章主要对多媒体进行概述，介绍多媒体相关的基础知识；第2章针对静态图像编辑展开教学；第3章针对音频的采集与编辑展开教学；第4章针对视频素材的采集与处理展开教学；第5章讲解如何制作二维动画，使学生快速掌握动画制作技巧；第6章讲解如何把图像、声音、视频、动画整合成多媒体作品。

本书作者

本书由张兴华担任主编，寇义锋、刘学雷担任副主编，参加本书编写的还有张全尚、郭华、李新旺。全书由张兴华统稿。由于编者水平有限，书中难免有错误和不妥之处，恳请广大师生和读者批评指正。

教学资源

为了提高学习效率和教学效果，方便教师教学，编者为本书配备包括电子教案、教学指南、素材文件、微课及习题参考答案等配套的教学资源。请有此需要的读者登录华信教育资源网（http://www.hxedu.com.cn）免费注册后进行下载，有问题时请在网站留言板留言或与电子工业出版社联系（E-mail:hxedu@phei.com.cn）。

编　者

CONTENTS | 目录

第 1 章 多媒体概述	1
课后习题 1	10
第 2 章 编辑图像	11
任务 1 认识 Photoshop CS6	11
课后习题 2	19
任务 2 制作新年促销纪念卡	19
课后习题 3	23
任务 3 打造照片梦幻色彩	23
课后习题 4	26
任务 4 使用滤镜打造水墨画特效	26
课后习题 5	31
任务 5 电影海报特效文字制作	31
课后习题 6	37
第 3 章 音频素材的采集与处理	38
任务 1 获取音频	38
课后习题 7	45
任务 2 录制音频	46
课后习题 8	54
任务 3 编辑音频	54
课后习题 9	61
第 4 章 视频素材的采集与处理	62
任务 1 获取视频素材并初步编辑	62
课后习题 10	67
任务 2 快速制作电子相册	67
课后习题 11	73
任务 3 运用视频特效（一）	73
课后习题 12	78
任务 4 运用视频特效（二）	78
课后习题 13	84
任务 5 综合运用	84

课后习题 14 ·· 103

第 5 章　制作动画 ·· 104
　　任务 1　我梦中的房子 ·· 104
　　课后习题 15 ·· 111
　　任务 2　看海 ·· 111
　　课后习题 16 ·· 116
　　任务 3　THANKS ·· 116
　　课后习题 17 ·· 122
　　任务 4　表情帝 ··· 122
　　课后习题 18 ·· 126
　　任务 5　走迷宫 ··· 126
　　课后习题 19 ·· 130
　　任务 6　欣赏中国卷轴画 ·· 131
　　课后习题 20 ·· 135
　　任务 7　蝴蝶点水 ·· 135
　　课后习题 21 ·· 139
　　任务 8　直升飞机 ·· 139
　　课后习题 22 ·· 142

第 6 章　多媒体制作软件 Authorware 7.0 ··· 143
　　任务 1　初识 Authorware 7.0 ·· 143
　　任务 2　创作"仰望美丽星空" ··· 147
　　课后习题 23 ·· 155
　　任务 3　家乡小屋 ·· 155
　　课后习题 24 ·· 159
　　任务 4　制作多媒体片头 ·· 159
　　课后习题 25 ·· 165
　　任务 5　制作滚动字幕 ··· 165
　　课后习题 26 ·· 169
　　任务 6　制作课件片头 ··· 170
　　课后习题 27 ·· 174
　　任务 7　巧对唐诗 ·· 174
　　课后习题 28 ·· 180
　　任务 8　制作中文菜单 ··· 180
　　任务 9　制作摄影作品集 ·· 184
　　课后习题 29 ·· 190
　　任务 10　走进记忆 ·· 190
　　任务 11　制作简单试题 ·· 193
　　任务 12　制作简单小游戏 ·· 196

附录 A　Adobe Premiere Pro CS6 常用视频转场特效 ·· 201

附录 B　Adobe Premiere Pro CS6 常用视频特效 ··· 216

第 1 章

多媒体概述

目前多媒体技术已经进入了千户万家，不分行业和领域，人们都在关注多媒体技术的发展和市场变化，并不知不觉地加入到了多媒体技术推广应用的行列中。多媒体技术正在改变着我们的生活方式，成为信息社会的主导技术之一。掌握多媒体的某项或者几种技术不仅会使我们在日常生活中受益，也是我们追赶潮流的表现。

1．媒体

媒体即媒介、媒质，它是信息的载体。媒体在计算机领域中有两层含义：一是用以存储信息的实体，如磁带、光盘、磁盘和半导体存储器等，中文译为媒质；二是指传递信息的载体（即计算机中的数据），如数字、文字、声音、图形和图像等，中文译为媒介。在多媒体计算机技术中所说的媒体是指后者。媒体通常被分为以下 6 类。

（1）感觉媒体（Perception Medium）：指的是能直接作用于人们的感觉器官，从而能使人产生直接感觉的媒体，如语言、音乐、自然界中的各种声音、各种图像、动画、文字等。

（2）表示媒体（Representation Medium）：指的是为了传送感觉媒体而人为研究出来的媒体。借助于此种媒体，便能更加有效地存储感觉媒体或将感觉媒体从一个地方传送发行到任意一个地方，如语言编码、电报码、条形码等。

（3）显示媒体（Presentation Medium）：指的是通信中使电信号和感觉媒体之间产生转换用的媒体，如输入设备、输出设备、键盘、鼠标、显示器、打印机等。

（4）存储媒体（Storage Medium）：指的是用于存放某种媒体的媒体，如纸张、磁带、磁盘、光盘等。

（5）传输媒体（Transmission Medium）：指的是用于传输某些媒体的媒体。常用的传输媒体有电话线、电缆、光纤等。

（6）交换媒体（Exchange Medium）：指在系统之间交换数据的手段与类型，它们可以是存储媒体、传输媒体或者是两者的某种结合。

各种媒体之间的关系如图 1-1 所示。

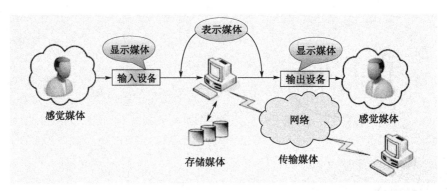

图 1-1　媒体的关系

2. 多媒体技术

多媒体技术是一种基于计算机科学的技术，是综合了包括数字化信息处理技术、音频视频技术、现代通信技术、计算机现代网络技术、计算机软硬件技术、人工智能模式识别技术等在内的一门新兴学科。

1）多媒体技术的发展过程

在计算机诞生之前人们已经掌握了诸多单一媒体的利用技术，如文字的印刷、出版、电报/电话通信、广播电影等，但用多媒体技术的特性来衡量，这些都不是多媒体技术。在 20 世纪 50 年代计算机诞生之后，计算机从只能认识 0、1 组合的二进制代码，逐渐发展成处理文本和简单的几何图形系统，并具备了处理更复杂信息技术的潜力。随着技术的发展，到 20 世纪 70 年代中期，出现了广播、出版和计算机三者融合发展电子媒体的趋势，这为多媒体技术的快速形成创造了良好的条件。通常，人们把 1984 年美国 Apple 公司推出的 Macintosh 机作为计算机多媒体时代到来的标志。

在这一过程中出现了很多有代表性的思想和系统，进一步推动了多媒体技术走向成熟。随着计算机技术的发展，产生了相关技术标准化的需求，这些标准的制定更有利地推动了多媒体技术的快速发展。经过这些标准的制定，目前的多媒体计算机系统主要有两种：一种是 Apple 公司的 Power Max 系统，其功能强、性能高；另一种是以 Windows 系列操作系统为平台的 MPC，也是应用较为广泛的多媒体个人计算机系统。

在多媒体技术发展的同时，计算机网络技术和光存储技术等也在不断发展。大容量 CD-ROM 和 DVD 的出现，解决了多媒体信息的低成本存储问题；而宽带多媒体网络则解决了不同媒体信息传输的实时性和同步问题；广播电视技术也从以前的模拟技术阶段发展到数字技术阶段。多媒体应用领域的扩展及多媒体技术的进一步发展，必将加速计算机互联网、公共通信网及广播电视网三网合一的进程，从而形成快速、高效的多媒体信息综合网络，提供更为人性化的综合多媒体信息服务。宽带多媒体综合网络、高性能的 MPC 及交互式电视技术的融合，标志着多媒体技术已进入了多媒体网络时代。

2）多媒体技术的特点

（1）集成性。能够对信息进行多通道统一获取、存储、组织与合成。

（2）控制性。多媒体技术以计算机为中心，综合处理和控制多媒体信息，并按人的要求以多种媒体形式表现出来，同时作用于人的多种感官。

（3）交互性。交互性是多媒体有别于传统信息交流媒体的主要特点之一。传统信息交流媒体只能单向地、被动地传播信息，而多媒体技术可以实现人对信息的主动选择和控制。

（4）非线性。多媒体技术的非线性特点将改变人们传统循序性的读写模式。以往人们的读写方式大都采用章、节、页的框架，循序渐进地获取知识，而多媒体技术将借助超文本链接（Hyper Text Link）的方法，把内容以一种更灵活、更具变化的方式呈现给读者。

（5）实时性。当用户给出操作命令时，相应的多媒体信息都能够得到实时控制。

（6）信息使用的方便性。用户可以按照自己的需要、兴趣、任务要求、偏爱和认知特点来使用信息，任意选取图、文、声等信息表现形式。

（7）信息结构的动态性。"多媒体是一部永远读不完的书"，用户可以按照自己的目的和认知特征重新组织信息，增加、删除或修改节点，重新建立链接。

3）多媒体技术的应用

多媒体技术的发展使计算机的信息处理在规范化和标准化的基础上更加多样化和人性化，特别是多媒体技术与网络通信技术的结合，使得远离多媒体应用成为可能，也加速了多媒体技术在经济、科技、教育、医疗、文化、传媒、娱乐等领域的广泛应用。多媒体技术已成为信息社会的主导技术之一。多媒体技术应用的领域如图 1-2～图 1-6 所示，具体介绍如下。

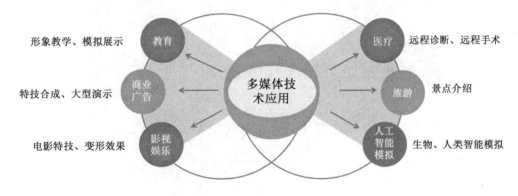

图 1-2　多媒体技术应用的领域

（1）教育（形象教学、模拟展示）：如电子教案、形象教学、模拟交互过程、网络多媒体教学和仿真工艺过程。

（2）商业广告（特技合成、大型演示）：如影视商业广告、公共招贴广告、大型显示屏广告、平面印刷广告。

（3）影视娱乐业（电影特技、变形效果）：如电视、电影、卡通混编特技，演艺界 MTV 特技制作，三维成像模拟特技，仿真游戏和赌博游戏。

（4）医疗（远程诊断、远程手术）：如网络多媒体技术、网络远程诊断和网络远程操作（手术）。

（5）旅游（景点介绍）：如风光重现、风土人情介绍和服务项目。

（6）人工智能模拟（生物、人类智能模拟）：如生物形态模拟、生物智能模拟和人类行为智能模拟。

(a) 分布式虚拟风洞实验（NASA研究中心）　　(b) 计算机模拟的艺术化的DNA结构图

图 1-3　多媒体技术用于模拟实验和仿真研究

图 1-4　三维赛车游戏

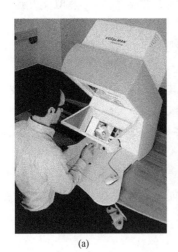 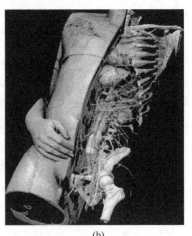

(a)　　　　　　　　　　　　　　(b)

图 1-5　Voxel-Man 的虚拟人体标本

第 1 章 多媒体概述

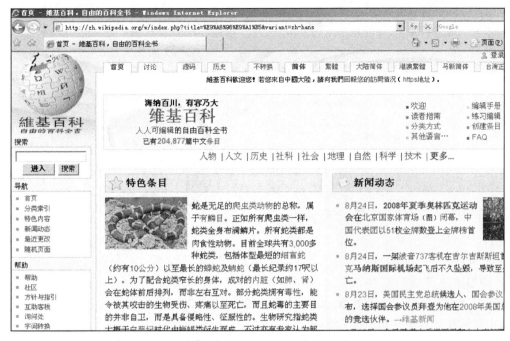

图 1-6 维基百科：网络时代的多语大百科全书

3．多媒体硬件系统

多媒体硬件系统由计算机传统硬件设备、CD-ROM 驱动器、音频输入/输出和处理设备、视频输入/输出和处理设备等选择性组合而成，其基本框图如图 1-7 所示。

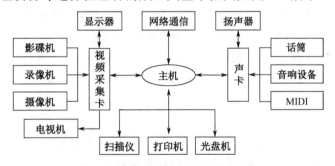

图 1-7 多媒体硬件系统的基本框图

1）主机

在多媒体硬件系统中，计算机主机是基础性部件，是硬件系统的核心。

多媒体计算机主机可以是中、大型机，也可以是工作站，然而更普遍的是使用多媒体个人计算机。

2）声卡

声卡又称音频卡，是处理音频信号的硬件，它通过主板集成或插入主板扩展槽中的方式与主机相连。

声卡的主要功能包括录制与播放、编辑与合成处理、提供 MIDI 接口。声卡功能示意如图 1-8 所示。

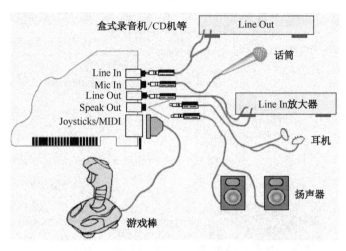

图 1-8 声卡功能示意图

3）图形加速卡

图形加速卡工作在 CPU 和显示器之间，控制计算机的图形输出。通常图形加速卡以附加卡的形式安装在计算机主板的扩展槽中。

（1）图形加速卡的基本功能。图形加速卡专门用来执行图形加速任务，因此可以减少 CPU 处理图形的负担。

（2）显存。图形加速卡上的显存用来存储显示芯片（组）所处理的数据信息。

（3）刷新频率。刷新频率是指 RAMDAC 向显示器传送信号，每秒重绘屏幕的次数，它的单位是 Hz。

（4）色深。色深可以看作一个调色板，它决定屏幕上每个像素由多少种颜色控制。每一个像素都由红、绿、蓝 3 种基本颜色组成，像素的亮度也由它们控制。通常色深可以设定为 4 位色、8 位、16 位和 24 位色。色深的位数越高，能够得到的颜色就越多，屏幕上的图像质量就越好。

（5）图形加速卡接口。接口是连接图形加速卡和 CPU 的通道。

4）视频采集卡

视频采集卡是专用于视频信号实时处理的板卡，插入主板扩展槽中与主机相连。卡上的输入/输出接口可以接入摄像机、影碟机、录像机和电视机等设备。

视频采集卡采集来自输入设备的视频信号，并完成由模拟量到数字量的转换、压缩，以数字化形式存入计算机中。

视频采集卡分为广播级、专业级和民用级 3 类。其功能示意如图 1-9 所示。

5）IEEE 1394 卡

（1）IEEE 1394 卡的基本功能。IEEE 1394 卡（如图 1-10 所示）作为一种数据传输的开放式技术标准，被应用在众多领域，包括数码摄像机、高速外接硬盘、打印机和扫描仪等多种设备。

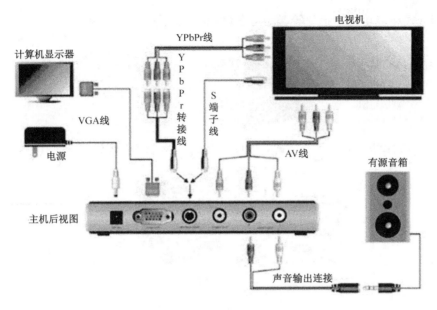

图 1-9 视频采集卡的功能示意图

（2）IEEE 1394 卡的分类。目前市场上的 IEEE 1394 卡基本上可以分成两类：带有硬解码功能的 1394 卡和用软件实现压缩编码的 IEEE 1394 卡。

（3）IEEE 1394 接口。通常 IEEE 1394 卡上的接口为 6 针槽口，可连接至 IEEE 1394 缆线。

6）数码照相机

数码照相机是一种与计算机配套使用的照相机，与普通光学照相机之间最大的区别在于数码照相机用存储器保存图像数据，而不通过胶片曝光来保存图像，如图 1-11 所示。

7）数码摄像机

数码摄像机是指能够拍摄连续动态视频图像的数字影像设备，如图 1-12 所示。

图 1-10 IEEE 1394 卡示意图　　　图 1-11 数码照相机　　　图 1-12 数码摄像机

8）扫描仪

扫描仪主要用于输入黑白或彩色图片资料、图形方式的文字资料等平面素材。配合适当的应用软件后，扫描仪还可以进行中英文文字的智能识别。

（1）扫描仪的连接方式。扫描仪与多媒体个人计算机链接，一般具有 EPP、SCSI、USB 共 3 种接口形式。

（2）扫描仪的种类。扫描仪的种类很多，按照基本构造分类，一般分为手持式、平板式、滚筒式、馈纸式和多功能扫描仪等类型。各种扫描仪如图1-13所示。

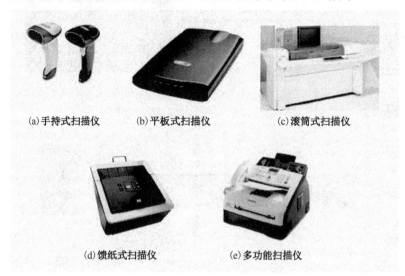

图 1-13 各种扫描仪

（3）扫描仪的技术指标。衡量扫描仪的主要技术指标包括扫描分辨率、扫描色彩精度、扫描速度等。

9）光盘与光驱

（1）光盘的分类。

CD-DA：（CD-Audio）用来储存数位音效的光盘片。1982年SONY、Philips共同制定红皮书标准，以音轨方式储存声音资料。CD-ROM都兼容此规格音乐片。

CD-R：（CompactDisc-Recordable）1990年，Philips发表多段式一次性写入光盘数据格式，属于橘皮书标准。在光盘上加一层可一次性记录的染色层，可以进行刻录。

CD-RW：（CD-ReWritable）在光盘上加一层可改写的染色层，通过激光可在光盘上反复多次写入数据。

DVD：（Digital-Versatile-Disk）数字多用光盘，以MPEG-2为标准，大容量，可储存133分钟的高分辨率全动态影视节目，包括杜比数字环绕声音轨道，图像和声音质量是VCD所不及的。

蓝光DVD：蓝光DVD是DVD光盘的下一世代光盘格式，利用波长较短（405nm）的蓝色激光读取和写入数据，并因此而得名。

（2）光驱的分类。

CD-ROM：只能读取光盘中的数据，而不能对光盘数据进行写操作的光盘驱动器（以下简称"光驱"），是在微型计算机系统中使用最多的设备。

CD-RW：可重复刻录的光驱，即可反复录制或删除录制到光盘中的数据，与软盘和硬盘的数据读写方式相似。较之CD-R有明显的优势。例如，CD-R只能一次性写入，刻录时一旦出错，盘片立即报废，而CD-RW可以清除出错的操作，重新刻录。

DVD-ROM：数字多功能光驱，具备读取多种光盘的功能，可兼容CD-ROM、CD-DA、VCD、CD-R、CD-RW等光盘。随着DVD光驱及DVD光盘价格的下降，DVD-ROM已逐渐成为目前主流微机系统的常见设备。

康宝光驱：又称 COMBO 驱动器，以其集 CD-ROM 读取、DVD 读取及 CD-RW 功能于一身的特点，成了光储驱动设备的新产品，但因其较高的价格，短期内尚无法取代其他光驱产品。

10）输入设备和输出设备

常见的输入设备包括话筒、录音机和电子乐器等，常见的输出设备包括扬声器和音响设备等。

4．多媒体软件系统

1）多媒体播放软件。常见的多媒体播放软件有 Windows Media Player、RealPlayer、QuickTime Player 和千千静听等。

2）多媒体素材制作软件

（1）文字处理软件。文字处理软件是办公软件的一种，一般用于文字的格式化和排版。文字处理软件的发展和文字处理的电子化是信息社会发展的标志之一。现有的中文文字处理软件主要有微软公司的 Word、金山公司的WPS、永中 Office和开源为准则的 OpenOffice 等。

（2）图像处理软件。图像处理软件是用于处理图像信息的各种应用软件的总称，被广泛应用于广告制作、平面设计、影视后期制作等领域。专业的图像处理软件有 Adobe 的 Photoshop 系列；基于应用的处理软件 Picasa 等，还有国内很实用的大众型软件彩影，如非主流软件有美图秀秀，动态图片处理软件有 Ulead GIF Animator、GIF Movie Gear 等。

（3）音频处理软件。音频处理软件是一类对音频进行混音、录制、音量增益、高潮截取、男女变声、节奏快慢调节、声音淡入淡出处理的多媒体音频处理软件。

Cool Edit Pro 2.0 由美国 Syntrillium 软件公司开发，Adobe Audition 面向音频和视频的专业设计人员，操作复杂，可提供音频混音、编辑和效果处理功能。

（4）视频编辑及播放软件。视频编辑及播放软件是对视频源进行非线性编辑的软件，属多媒体制作软件范畴。软件通过对加入的图片、背景音乐、特效、场景等素材与视频进行重混合，对视频源进行切割、合并，通过二次编码，生成具有不同表现力的新视频。

Adobe 公司推出的基于非线性编辑设备的视音频编辑软件 Premiere 已经在影视制作领域取得了巨大的成功。其现在被广泛应用于电视台、广告制作、电影剪辑等领域，成为 PC 和 MAC 平台上应用最为广泛的视频编辑软件。

会声会影是一套专业的 DV、HDV 影片剪辑软件，能够完全满足个人和家庭所需的影片剪辑功能，且操作简单，业余爱好者也能很方便地使用其编辑出专业水准的视频。会声会影可让用户以强大、新奇和轻松的方式完成视频片段从导入计算机到输出的整个过程，并且能够快速加载、组织和裁剪标清或高清视频，通过模板剪辑制作视频，并配以效果、音乐、标题、转场等为其增添创意。

（5）动画制作软件。动画制作软件是一个可视化的网页设计和网站管理工具，支持最新的 Web 技术，包含 HTML 检查、HTML 格式控制、HTML 格式化选项、HomeSite/BBEdit 捆绑、可视化网页设计、图像编辑、全局查找替换、全 FTP 功能、处理 Flash 和 Shockwave 等富媒体格式和动态 HTML、基于团队的 Web 创作。

动画制作软件（主要用于商业动画）有 ANIMO、TOONZ、RETAS PRO、USAnimation 等；网页动画软件有 Flash、Toon Boom Studio、Harmony 等。

3）多媒体创作软件

对多媒体的素材进行采集、编辑完毕后，就可以将多种媒体素材集成在一起，搭建软件执行框架，设计各种交互动作，设置各种媒体的呈现顺序或呈现条件，实现各种软件功能，最后形成一个完整的多媒体作品。完成上述功能的软件系统被称之为多媒体创作软件。

常见的多媒体创作软件主要有 PowerPoint、Director、Authorware、方正奥斯等。

课后习题 1

（1）什么是多媒体？什么是多媒体技术？
（2）多媒体技术的特征有哪些？
（3）多媒体技术的典型应用有哪些？
（4）多媒体硬件系统由哪几部分组成？

第 2 章

编 辑 图 像

Adobe Photoshop CS6 是 Adobe 公司旗下最有名的图像处理软件之一，集图像扫描、编辑修改、动画制作、图像制作、广告创意、图像输入与输出于一体，深受广大平面设计人员和计算机美术爱好者的喜爱。如图 2-1 所示为 Photoshop 两位创始人。

Photoshop CS6 的专长在于图像处理，而不是图形创作。其主要处理以像素所构成的数字图像。使用其众多的编修与绘图工具，可以有效地进行图片编辑工作。

学习 Photoshop CS6 主要从基本工具的使用开始，然后不断掌握图像、图层、文字、编辑、滤镜等重要功能。

图 2-1　Photoshop 两位创始人

任务 1　认识 Photoshop CS6

 学习内容

（1）Photoshop CS6 的内部工作环境。

（2）常用工具的基本操作。
（3）图像常用的存储格式。

任务描述

随着数码产品的普及，我们日常工作和生活中经常接触数码照片。尤其是很多品牌的数码照相机，照片的存储都基于 Adobe Photoshop，这为照片的处理带来了很多方便。

本任务主要让同学们熟悉 Photoshop CS6 软件，并能在日常工作和生活中应用。

难点要点分析

本任务的要点是了解 Photoshop CS6 的基本工具及使用方法。难点是学会如何制定工作环境；熟练应用常用快捷键。

> 提示
>
> 本章讲解的 Photoshop 内容均基于 Photoshop CS6 版本。

操作步骤

步骤 1 了解 Photoshop CS6 的工作界面

（1）双击 Photoshop CS6 的快捷图标 ，启动 Photoshop CS6 软件，如图 2-2 所示。
（2）打开"素材 2-1"，可以看到 Photoshop CS6 的工作界面，如图 2-3 所示。

图 2-2　Photoshop CS6 的启动界面

图 2-3　Photoshop CS6 的工作界面

（3）认识 Photoshop CS6，界面最上面是菜单栏，包括"文件"、"编辑"、"图像"等 11 项内容。
（4）选择"文件"→"打开为"命令，从弹出的文件夹中选择一张图片打开。
（5）选择"图像"→"自动对比度"命令，查看刚打开的图片有何变化。
（6）选择"图层"→"复制图层"命令，在弹出的对话框中，命名新图层为"图层 1"。查看图层窗口中复制的新图层。
（7）选择"滤镜"→"风格化"→"风"命名，查看图像效果有何变化。

第 2 章 编辑图像

（8）选择"编辑"→"后退一步"命令，或者按"Ctrl+Alt+Z"组合键，还原上一步"风"的操作。

（9）选择"窗口"→"工具"命令，通过勾选和取消勾选复选框，设置显示和隐藏工具栏。

（10）右击"污点修复画笔"工具 右下角的下拉按钮，弹出隐藏的同一类型的其他工具，如图2-4所示。

> **提示**
>
> 鼠标左键长按命令右下角的下拉按钮，也可以弹出隐藏工具。这里列出了 Photoshop CS6 的基本工具。将鼠标指针放在某个工具上，可以显示这个工具的名称。
>
> 属性栏里的参数设置与选择工具有关，当选择了工具栏中的工具时，这里就显示该工具的相关属性。一般随着选择工具的不同，属性内容也发生变化。

（11）选择"窗口"→"调整"命令，进行窗口选项设置，在右侧浮动面板中显示"调整"选项，如图2-5所示。

> **提示**
>
> 这里所列出的就是浮动面板的内容。打勾的表示这个面板当前是显示的，没有打勾的表示不显示。同学们可以动手试一试，可以通过这里选择你想显示和隐藏的面板。

图 2-4　工具栏

图 2-5　浮动面板

步骤 2　选择工具、移动工具、套索工具的使用

（1）选择"矩形选择"工具，按住鼠标左键在画面中拖动，得到一个矩形选区。虚线区域内的内容为选区，如图 2-6 所示。

（2）选择"椭圆形选择"工具，按住鼠标左键在画面中拖动，得到一个椭圆形选区，如图 2-6 所示。

提示

这两个工具在同一个命令里，可以直接用鼠标拖动绘制。按住鼠标左键的同时，按住 Shift 键，可以画出正方形或者圆形的虚框，这时候的选区就是正方形或者圆形。

（3）选择"移动"工具 ，移动虚线内的部分到另外一个地方，如图 2-7 所示。

图 2-6　矩形和椭圆的选取

图 2-7　移动选区

提示

移动工具可以对选区、图层和参考线等进行移动。图片放大后，按住 Enter 键，此时鼠标指针就变成一个手的形状，这时可以拖动图片。

要取消画好的选区，按"Ctrl + D"组合键，可以取消图片上的选区。

（4）右击"套索"工具 ，分别尝试选择"自由套索"工具、"多边形套索"工具和"磁性套索"工具。

（5）打开"素材 2-2"，选择"磁性套索"工具选取运动鞋，如图 2-8 所示。

根据选择内容的不同，在属性栏中对"羽化"、"宽度"、"对比度"等参数进行设置，选取结果会有所不同。

提示

选择"磁性套索"工具时，同时按住 Ctrl 键和 + 键，放大图片显示。同时按住 Ctrl 键和 – 键，可以缩小图片显示。

绘制好选区后，就可以用选框工具对已有选区进行相加、相减和交叉等操作。（也可用 Shift 键加选、Alt 键减选或两键配合使用）。

（6）打开"素材 2-1"，选择"魔术橡皮擦"工具 ，在属性栏里设置"容差"和"不透明度"参数。在图像右上部分进行擦涂操作，如图 2-9 所示。

第 2 章 编辑图像

图 2-8 "磁性套索"工具的选择

图 2-9 魔术橡皮擦的擦除效果

> **提示**
>
> 橡皮擦在背景层把画面擦为背景色,在普通层把画面完全擦除;背景橡皮擦能将背景层擦成普通层,把画面完全擦除;魔术橡皮擦依据画面颜色擦除画面。

步骤 3 裁剪工具、修复画笔工具、图章工具的使用

(1)打开"素材 2-2",选择"裁剪"工具,在需要进行裁剪的图片上拉出一个矩形选区,按 Enter 键进行确定。如图 2-10 所示,九宫格内的部分就是要保留的部分,四周变暗的部分就是要被裁去的部分。

> **提示**
>
> 在处理图片的过程中,经常需要对图片进行裁剪,我们可以通过裁剪工具实现。大家可以在属性栏里设置一定参数或者进行自由裁剪。

(2)打开"素材 2-3",选择"污点修复画笔"工具。在属性栏中设置画笔"大小"、"硬度"和"间距"等参数。单击人物脸部的斑点。使用"污点修复画笔"工具的效果对比,如图 2-11 所示。

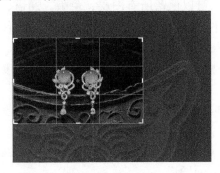

图 2-10 裁剪区

图 2-11 去除污点的对比效果

多媒体制作

> **提示**
>
> 所谓污点修复，也就是把画面上的污点涂抹干净，常用于人像脸部美容等的修复，如去除疤痕、雀斑等。
>
> 选择"污点修复画笔"工具时，光标将变为圆形，调整光标略大于人物脸上需要去除的斑点，单击，可以看到斑点自然消失。

（3）打开"素材 2-5"，选择"仿制图章"工具 。在属性栏中设置画笔的大小为 432，硬度为 0，透明度为 60%。

（4）将圆形光标放在需要仿制的对象上边，按 Alt 键的同时单击，然后将光标移动到需要仿制的目的位置，移动光标便可得到需要仿制的效果。仿制图章效果对照如图 2-12 所示。

图 2-12　仿制图章效果对照

> **提示**
>
> 仿制图章是进行图片处理常用的工具。选择"仿制图章"工具后，根据仿制对象的大小和需要达到的效果设置属性参数。

步骤 4　了解 Photoshop CS6 的常用存储格式

（1）PSD 格式是 Photoshop CS6 默认保存的文件格式，可以保留所有图层、色版、通道、蒙板、路径、未栅格化文字及图层样式等，但无法保存文件的操作历史记录。Adobe 其他软件产品，如 Premiere、InDesign、Illustrator 等，可以直接导入 PSD 文件。

（2）JPEG 和 JPG 格式是一种采用有损压缩方式的文件格式，JPEG 支持位图、索引、灰度和 RGB 模式，但不支持 Alpha 通道。

（3）RAW 格式是 Photoshop CS6 RAW 有 Alpha 通道的 RGB、CMYK 和灰度模式，以及没有 Alpha 通道的 Lab、多通道、索引和双色调模式。

（4）BMP 格式是 Windows 操作系统专有的图像格式，用于保存位图文件，最高可处理 24 位图像，支持位图、灰度、索引和 RGB 模式，但不支持 Alpha 通道。

（5）GIF 格式因其采用 LZW 无损压缩方式并且支持透明背景和动画，被广泛运用于网络中。

（6）EPS 格式是用于 PostScript 打印机上输出图像的文件格式，大多数图像处理软件都支持该格式。EPS 格式能同时包含位图图像和矢量图形，并支持位图、灰度、索引、Lab、双色调、RGB及CMYK。

（7）PDF格式是便携文档格式，支持索引、灰度、位图、RGB、CMYK及 Lab 模式，具有文档搜索和导航功能，同样支持位图和矢量。

（8）TIFF 格式作为通用文件格式，绝大多数绘画软件、图像编辑软件及排版软件都支持该格式，并且扫描仪也支持导出该格式的文件。

知识链接

文件存储常见的有"存储"和"存储为"两种。不同的存储方式，图像大小和分辨率也有所不同。因此，数码照片在网站上会显示不同的效果。另外，鉴于图片不同的用途，要求存储图片格式也不同。

这里介绍比较常用的应用"文件"→"存储为"对图片进行存储的方法。

（1）选项"文件"→"打开"命令，从弹出的文件夹中找到要打开的图片"素材 2-6"，单击"打开"按钮。如图 2-13 所示。

图 2-13　打开图片

（2）选择"图像"→"调整"→"亮度/对比度"命令，对打开的照片进行"亮度/对比度"和"色彩平衡"调整。参数设置如图 2-14 所示。

提示

也可以在图层面板的最下方，选择"创建新的填充和调整图层"→"亮度/对比度"命令，然后进行调整。

（3）选择"图像"→"调整"→"色彩平衡"命令，用同样的方法调整"彩色平衡"。参数设置如图 2-15 所示。

（4）选择"文件"→"存储为"命令，在弹出的对话框中，选择 JPEG 格式，然后单击"确定"按钮，弹出"JPEG 选项"对话框，分别设置品质为 12 和 0，存储两种不同品质的文件，如图 2-16 和图 2-17 所示。

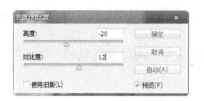

图 2-14　亮度/对比度参数设置

图 2-15　色彩平衡参数设置

图 2-16　JPEG 设置（一）

图 2-17　JPEG 设置（二）

提示

Photoshop CS6 计算的原则是设定图像质量等级。

在网站发图时，一般都有对图片大小的限制。有时我们在计算机上看上去很漂亮的照片，发到网上后，感觉画面的质量有所下降。这些都是网站对图片的限制引起的。可以通过"储存为"来解决这个问题。

如图 2-18 所示，左侧图片存储品质为"0"，右侧图片存储品质为"12"，可以看出，左边图片清晰度低于右侧图片清晰度。

图 2-18　"存储为"不同品质的效果对比

第 2 章 编辑图像

任务总结

通过本任务的学习，了解 Photoshop CS6 的工作环境、常用工具的基本操作及图片保存格式等知识。在接下来的学习中将给大家介绍有关 Photoshop CS6 实践操作案例。

试一试

在网上先下载一个图片，用 Photoshop CS6 软件打开。右击该图片选择用 Photoshop CS6 打开，也可以将图片拖入 Photoshop CS6 工作区。

课后习题 2

（1）用裁剪工具裁剪一个正方形、圆形图片。
（2）将练习中裁剪的图片，保存为 JPG、PSD 两种格式。

任务 2 制作新年促销纪念卡

学习内容

（1）创建新图层，应用"图层样式"中的"投影"、"斜面和浮雕"等效果。
（2）素材的置入。

任务描述

Photoshop CS6 不仅可以对数码照片进行处理，而且也有强大的制作功能。通过本任务，让同学们初步掌握运用相关工具制作卡片的技巧。

难点要点分析

本任务的要点是应用"圆角矩形"工具创建新图层。难点是学习应用"图层样式"设置、添加文字图层，并学会编辑。

操作步骤

步骤 1 创建新的图层文件

（1）打开 Photoshop CS6，选择"文件"→"新建"命令，打开"新建"窗口。选择白色背景，设置画布的宽为 50cm，高为 30cm，分辨率为 72。

（2）选择"圆角矩形"工具 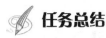 在画布上绘制一个矩形。在属性栏中设置圆角的半径为 50 像素，并填充为深绿色（#5a5a32），如图 2-19 所示。

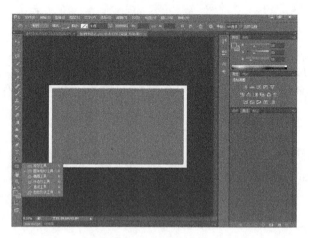

图 2-19　新建文件

（3）选择"图层"→"图层样式"命令，弹出"图层样式"对话框，在"结构"选项组中设置参数，系统默认不透明度的值为"75%"，设置角度的值为 120°，其他设置如图 2-20 所示。

（4）给该图层添加斜面和浮雕效果，修改其中的参数，如图 2-21 所示。

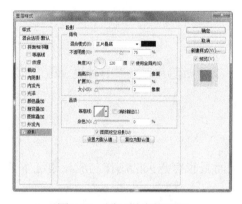

图 2-20　图层样式的设置

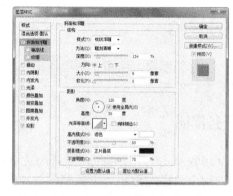

图 2-21　斜面和浮雕样式的设置

（5）选择"图层"→"新建"→"图层"命令，新建一个图层。

（6）选择"文件"→"置入"命令，然后选择需要置入的素材"小花瓣"（透明度为 30%）、"2014/5"、"跨年购"，如图 2-22 所示。

提示

可以复制一个花瓣，调整花瓣大小和透明度（10%），放在适当的位置。同时也调整其他素材的大小与透明度。

（7）选择"图层"→"新建"→"图层"命令，重复步骤（6），再新建一个图层。

（8）选择下边的新建图层，选择"文字"工具，输入文字"HAPPY NEW YEAR"。

（9）选择上边的新建图层，选择"文字"工具，输入卡的编号"No:2014 0101 888XXS"。

（10）双击"HAPPY NEW YEAR"文字图层，添加投影特效。投影的参数设置如图 2-23 所示。

图 2-22　置入素材

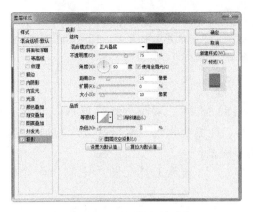

图 2-23　投影的参数设置

（11）选择"图层样式"对话框中的"斜面和浮雕"特效，参数设置如图 2-24 所示。

（12）选择"HAPPY NEW YEAR"文字图层，在属性栏中选择"创建文字变形"工具，在弹出的"变形文字"对话框中设置参数，如图 2-25 所示。

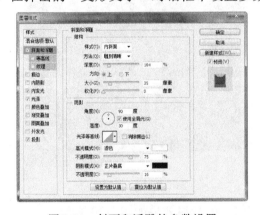

图 2-24　斜面和浮雕的参数设置

图 2-25　变形文字的参数设置

（13）选择"No 2014 0101 888XXS"文字图层并双击，在弹出的"图层样式"对话框中进行投影设置。参数设置如图 2-26 所示。

（14）选择"斜面和浮雕"选项，设置"斜面和浮雕"的参数，如图 2-27 所示。

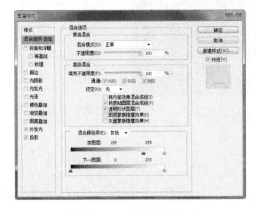

图 2-26　投影设置

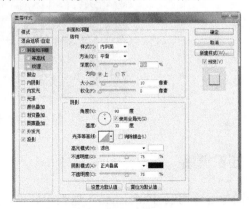

图 2-27　斜面和浮雕参数设置

提示

投影设置从图层面板开始,可以应用双击"No:2014 0101 888XXS"文字图层的方式,设置图层样式的参数。

---

(15)选择"文件"→"置入"命令,在弹出的对话框中选择"花束铃铛"(透明度为41%)、"红色小礼包"素材并置入到画面中,如图 2-28 所示。有立体感与真实卡片的效果图像初步成型。

(16)用画笔工具在图片中制作两个枫叶,设置枫叶图层的透明度为17%,如图 2-29 所示。

图 2-28 促销卡的基本样式

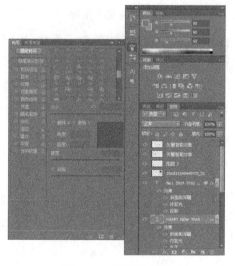

图 2-29 画笔的应用

(17)按 Ctrl+Alt+Shift+E 组合键盖印图层,促销卡的最终效果如图 2-30 所示。

图 2-30 促销卡的最终效果

知识链接

图层是应用在 Photoshop 图像编辑软件上的概念。图层就像一层层相叠,但彼此独立的透明底片。其优点是在一个图层上绘制及编辑的内容,并不会影响另一个图层上的内容。

在编辑图像的过程中,使用者可以随时新增、移动、隐藏,甚至删除个别图层,图层之间不会有影响。

我们可以将文字放到一个图层,其他内容放在另外一个图层上,画面显示的是最上边的图层。也可以将每个图层前边的图标去除,隐藏该图层。当需要修改某个图层时,选择这个图层就可以隐藏该图层以外的所有图层。

另外,如果需要为一幅图像配上不同语言的文字,可以把不同语言的文字分别放于个别图层中;汇出档案或打印档案时,只要隐藏其他无关文字版本的图层,就可以获得所需文字版本的文件。

图层是后期合成的主要工具之一,使操作步骤清晰、明了。

任务总结

通过本任务的学习,掌握使用"圆角矩形"工具创建新图层,能应用图层样式添加不同效果,学会文字图层的添加和编辑。

试一试

用"椭圆形选择"工具或"多边形"工具创建新图层。

课后习题 3

(1) 创建新图层,给新图层添加斜面和浮雕效果和投影效果。
(2) 在图层中添加"我爱设计"文字,创建文字变形效果。

任务 3　打造照片梦幻色彩

学习内容

应用图像调整、滤镜、图层样式等选项进行照片调色。

任务描述

我们经常看到很多个性色调的照片。如何才能达到这些照片的效果,这是很多同学非常感兴趣的内容。本任务就是教给大家利用滤镜、图层模式等选项,将照片调出自己喜爱的风格。

难点要点分析

图像调整中的去色;滤镜中的添加杂色;改变图层模式及透明度的方法。

操作步骤

步骤 1　改变图像的色调及图层模式

(1) 打开"素材 2-6",并进行复制,选择"图像"→"调整"→"去色"命令,如图 2-31

所示。效果如图 2-32 所示。

图 2-31　图像去色

图 2-32　去色后的效果图

（2）选择"图像"→"调整"→"变化"命令，如图 2-33 所示加深青色和深蓝色，效果如图 2-34 所示。

图 2-33　色调调整

图 2-34　调整色调后的效果

（3）选择"滤镜"→"杂色"→"添加杂色"命令，如图 2-35 所示，在弹出的对话框中设置数量为 20%，在"分布"选项组中选中"高斯分布"单选按钮，如图 2-36 所示。效果如图 2-37 所示。

（4）把图层混合模式改为"柔光"，不透明度为 80%，然后合并图层。

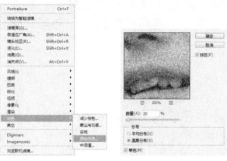
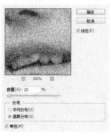

图 2-35　添加杂色　　图 2-36　参数设置　　图 2-37　添加杂色后的效果

步骤 2　创建新图层

（1）新建一个图层，填充黑色。

(2)选择合适大小的画笔并进行调整,用来制作树叶。为了让树叶更自然,可以调整画笔的大小和角度等参数值,制作不同形状和大小的树叶。

(3)用画笔涂出树叶的形状。把图层透明度调整为30%,如图2-38所示。

(4)选择"滤镜"→"杂色"→"添加杂色"命令,在弹出的对话框中设置数量为6%,在"分布"选项组中选中"平均分布"单选按钮,再把本图层的混合模式改为"滤色"。

(5)选择"滤镜"→"模糊"→"动感模糊"命令,在弹出的对话框中设置角度为-50°,距离为5像素。

步骤3 进一步调整图像

(1)选择"滤镜"→"杂色"→"添加杂色"命令,在弹出的对话框中设置数量为20%,在"分布"选项组中选中"高斯分布"单选按钮。

(2)选择"滤镜"→"模糊"→"高斯模糊"命令,半径为1像素。

(3)选择"图像"→"调整"→"阈值"命令,阈值色阶的数值依具体情况而定,这里设置的是235。

(4)选择"滤镜"→"模糊"→"动感模糊"命令,设置角度为-52°,距离为30像素。

(5)添加文字"秋之物语"。最终效果如图2-39所示。

图2-38 添加树叶

图2-39 最终效果

提示

目前网络上有很多种在线设计软件,大家可以尝试在线设计字体,然后应用到自己的制作中。

知识链接

自动调整命令包括3个命令,它们没有对话框,直接选中命令即可调整图像的对比度、色调等内容。

(1)"自动色阶"命令：将红、绿、蓝 3 个通道的色阶分布扩展至全色阶范围。这种操作可以增加色彩对比度，但可能会引起图像偏色。

(2)"自动对比度"命令：以 RGB 综合通道作为依据来扩展色阶，因此增加色彩对比度的同时不会产生偏色现象。也正因为如此，在大多数情况下，颜色对比度的增加效果不如自动色阶显著。

(3)"自动颜色"命令：除了增加颜色对比度以外，还将对一部分高光和暗调区域进行亮度合并。最重要的是，它把处在 128 级亮度的颜色纠正为 128 级灰色。正因为这个对齐灰色的特点，使得它既有可能修正偏色，也有可能引起偏色。

注意："自动颜色"命令只有在 RGB 模式图像中有效。

 任务总结

通过本任务，同学们学习了应用图像调整、滤镜、图层样式等选项进行照片调色，并动手调出了个性色调的照片。

试一试

室外自己照一张照片，用学过的方法调出一张个性色调的照片。

课后习题 4

举一反三，利用滤镜和图层样式等选项，调出另外风格的照片。

任务 4　使用滤镜打造水墨画特效

 学习内容

了解滤镜的特点，掌握滤镜的使用方法，灵活应用滤镜制作出特殊效果。

 任务描述

水墨山水画是中国独有的绘画风格，如何利用 Photoshop CS6 将一张普通的风景照片，通过使用滤镜功能，打造出水墨风格的画面？本任务就将带领大家学习这方面的技巧。

 难点要点分析

1. 滤镜效果的理解和灵活应用。
2. 参数调整对效果的影响。

操作步骤

步骤 1　创建新的黑白调整图层

(1) 在 Photoshop CS6 中打开"素材 2-8"，选中背景图层。单击图层面板下方的"创建新的填充或调整图层"按钮 ，选择"黑白"命令。

（2）在弹出的"属性"面板中，单击"自动"按钮，图像转换成黑白效果，如图 2-40 所示。

（3）返回图层面板，按 Ctrl+Alt+Shift+E 组合键盖印图层两次，生成"图层 1"和"图层 2"。

步骤 2　图层的调整

（1）选中"图层 2"，选择"图像"→"调整"→"反相"命令，或按 Ctrl+I 组合键，将"图层 2"进行反相。效果如图 2-41 所示。

（2）将"图层 2"的图层混合模式设置成"颜色减淡"。

步骤 3　进一步进行图层、滤镜调整

（1）选择"滤镜→其它→最小值"命令，在弹出的对话框中设置半径为 1 像素，这时通过预览就会发现画面变成了类似素描画的效果，应用最小值。

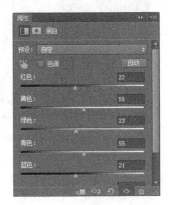

图 2-40　创建黑白自动图层

（2）按 Ctrl+Alt+Shift+E 组合键盖印生成"图层 3"，如图 2-42 所示。

图 2-41　反向选择　　　　　　　　　　图 2-42　滤镜的调整

（3）单击"图层 3"和"图层 2"前边的图标，取消显示。选中"图层 1"，选择"滤镜"→"滤镜库"→"画笔描边"→"喷溅"命令，在弹出的对话框中设置喷色半径为 8，平滑度为 2。具体参数值可视情况调节。应用喷溅效果，得到如图 2-43 所示的效果。

（4）单击"图层 3"的图标，在图层窗口最下端单击"图层蒙板"按钮，给其添加图层蒙板。

（5）选择"画笔"工具 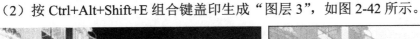，设置前景色为黑色，调整合适的画笔大小，设置硬度为 0，不透明度为 23%左右。

（6）单击选中"图层 3"的图层蒙板，然后利用设置好的画笔在画中进行涂抹，主要涂抹那些看起来比较突出、对比度较高的边缘区域，尤其是线条或阴影区域要着重处理，如图 2-44 所示。

图 2-43 喷溅效果

图 2-44 蒙板的处理

如果部分处理过当，可以将前景色变为白色，适当调整画笔的透明度和大小，用画笔将局部再处理回来。

步骤 4　文字的处理

（1）在图层面板最下方单击"创建新图层"按钮。在工具栏中选择文字工具，并在文本框中输入"梦里水乡"。

（2）设置文字的大小为"48 点"，字体样式为"叶根友病疯草书"，效果如图 2-45 所示。

图 2-45　创建文字图层

（3）选择"文件"→"置入"命令，选择需要置入的图章。在文字"梦里水乡"的右上角加盖图章，调整大小，如图 2-46 所示。

> **提示**
>
> 水墨画一般以黑白为主体，配合上红色的印章能起到画龙点睛的作用。大家可以在网上应用在线印章制作方法，设计一个图章。

步骤 5　材质的处理

（1）按 Ctrl+Alt+Shift+E 组合键进行盖印图层，并生成"图层 4"。

（2）选中"图层 4"，选择 "滤镜"→"滤镜库"→"艺术效果"→"水彩"命令。在弹出的对话框中选择"水彩"纹理，设置缩放值为 12%左右，画笔细节为 6，阴影强度为 0，纹理为 1。效果如图 2-47 所示。

图 2-46　基本效果

图 2-47　材质处理效果

> **提示**
>
> 不同的参数值会影响材质效果，可以根据画面预览效果设置。

步骤 6　装裱处理

打开装裱纸效果的背景，将处理好的图片置入，如图 2-48 所示。

图 2-48　最终效果

知识链接

滤镜主要用来实现图像的各种特殊效果。它在 Photoshop 中具有非常神奇的作用。所有的 Photoshop 都按分类放置在菜单中，使用时只需要从该菜单中选择此命令即可。滤镜的操作是非常简单的，但是真正用起来却很难恰到好处。

滤镜通常需要与通道、图层等联合使用，才能取得最佳艺术效果。如果想在最适当的时候应用滤镜到最适当的位置，除了平常的美术功底之外，还需要用户对滤镜熟悉并具有操控能力，甚至需要具有很丰富的想象力。这样，才能有的放矢地应用滤镜，发挥出艺术才华。

滤镜分类如下。

（1）杂色滤镜：有 4 种，分别为蒙尘与划痕、去斑、添加杂色、中间值滤镜，主要用于矫正图像处理过程（如扫描）中的瑕疵。

（2）扭曲滤镜（Distort）：Photoshop"滤镜"菜单下的一组滤镜，共 12 种。这一系列滤镜都用几何学的原理来把一幅影像变形，以创造出三维效果或其他的整体变化。每一个滤镜都能产生一种或数种特殊效果，但都离不开一个特点：对影像中所选择的区域进行变形、扭曲。

（3）抽出滤镜：Photoshop 中的一个滤镜，其作用是用来抠图。抽出滤镜的功能强大，使用灵活，是 Photoshop 的御用抠图工具，它简单易用，容易掌握，如果使用得好，抠出的效果非常好，抽出即可驱除繁杂背景中的散乱发丝，也可以抠透明物体和婚纱。

（4）渲染滤镜：不仅可以在图像中创建云彩图案，折射图案和模拟的光反射，还可在 3D 空间中操纵对象，并从灰度文件创建纹理填充以产生类似 3D 的光照效果。

（5）CSS 滤镜：标识符是"filter"，总体应用上和其他的 CSS 语句相同。CSS 滤镜可分为基本滤镜和高级滤镜两种。CSS 滤镜可以直接作用于对象上，立即生效的滤镜称为基本滤镜，而要配合 JavaScript 等脚本语言，能产生更多变幻效果的则称为高级滤镜。

（6）Photoshop 中的"风格化"滤镜：通过置换像素、查找来增加图像的对比度，在选区中生成绘画或印象派的效果。它是完全模拟真实艺术手法进行创作的。在使用"查找边缘"和"等高线"等突出显示边缘的滤镜时，可应用"反相"命令用彩色线条勾勒彩色图像的边缘或用白色线条勾勒灰度图像的边缘。

（7）"液化"滤镜：可用于推、拉、旋转、反射、折叠和膨胀图像的任意区域。用户创建的扭曲可以是细微的或剧烈的，这就使"液化"命令成为修饰图像和创建艺术效果的强大工具。可将"液化"滤镜应用于 8 位/通道或 16 位/通道图像。

（8）模糊滤镜：在 Photoshop 中，模糊滤镜的效果共包括 6 种，模糊滤镜可以使图像中过于清晰或对比度过于强烈的区域，产生模糊效果。它通过平衡图像中已定义的线条和遮蔽区域的清晰边缘旁边的像素，使变化显得柔和。

任务总结

通过本任务的学习，同学们掌握了滤镜的使用方法，能够灵活应用滤镜制作出特殊效果。

试一试

选择"滤镜"→"滤镜库"→"艺术效果"→"绘画涂抹"命令对"素材 2-8"进行简单调整。

课后习题 5

从网上下载一张风景画，用学过的方法调出一张类似水墨画效果的照片。

任务 5　电影海报特效文字的制作

学习内容

（1）文字工具的应用与属性设置。
（2）图层样式中的投影、斜面和浮雕、纹理叠加、颜色叠加、外发光等效果的应用。

任务描述

广告设计中经常插入文字，同时对文字添加特效，达到需要的效果。本任务的重点是学习利用"图层样式"制作文字特效。

难点要点分析

制作特效文字，熟练掌握 Photoshop CS6 文字工具的基本功能，强化学习图层样式的技巧。

操作步骤

步骤 1　创建新文件

打开Photoshop CS6，按 Ctrl+N 组合键新建画布。选择需要的画布大小和图像分辨率，设置宽度为 800 像素，高度为 400 像素，分辨率为 72。参数设置如图 2-49 所示。效果如图 2-50 所示。

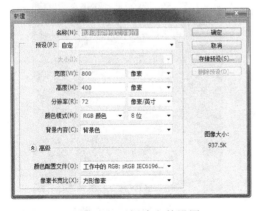

图 2-49　新建文件设置

图 2-50　选择的画布

> 提示
>
> 在左侧工具栏中先将背景颜色改为灰色。

步骤2 添加斜面和浮雕效果

（1）单击文字工具，输入"Titanic"。

（2）双击"Titanic"文字图层，弹出"图层样式"对话框，为文字添加斜面和浮雕特效，参数设置如图2-51所示，效果如图2-52所示。

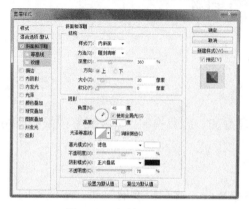

图2-51 参数设置

图2-52 添加斜面和浮雕效果

> **提示**
>
> 这里需要更加强烈的效果，这样会更有冲击力。增大"大小"的数值为20像素左右，注意观察字体的棱角是如何变得清晰起来的（字体大小不同，需要设置的数字也会不同，具体情况自己掌握）。

步骤3 纹理处理

（1）在Photoshop CS6中打开纹理素材，选择"图像"→"调整→"去色"命令。

（2）按Ctrl+L组合键，弹出"色阶"对话框，继续调整素材图像的对比度，如图2-53所示。调整亮部与暗部以增强对比，如图2-54所示。

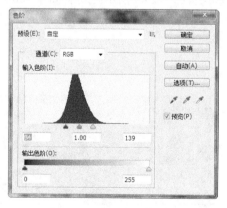

图2-53 色阶参数设置

图2-54 纹理效果

（3）按Ctrl+A组合键进行全选，选择"编辑"→"定义图案"命令，对其重命名并保存。在接下来的步骤中会将这个纹理用在文字效果上。

步骤 4 纹理、颜色叠加

（1）双击"Titanic"文字图层，弹出"图层样式"对话框，选择"图案叠加"选项。

（2）在"图案叠加"选项组中选择步骤 3 处理好的"铁锈"纹理，设置混合模式为点光，不透明度为 20%，如图 2-55 所示。

（3）选择"颜色叠加"选项，单击颜色按钮，输入颜色"#5288a4"，将不透明度设置为 45%。参数设置及效果分别如图 2-56 和图 2-57 所示。

步骤 5 增强斜面和浮雕效果

（1）双击"Titanic"文字图层，弹出"图层样式"对话框，选择"斜面和浮雕"选项。将色号分别设置为"#13fffc"和"#005780"，如图 2-58 所示。效果如图 2-59 所示。

图 2-55 设置图案叠加的参数

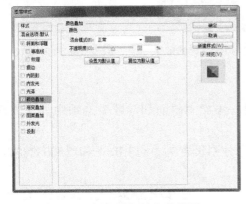

图 2-56 颜色叠加的参数设置　　　图 2-57 颜色叠加后的效果

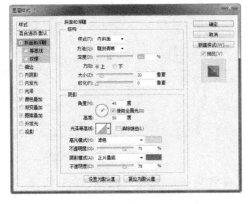

图 2-58 斜面和浮雕的参数设置　　　图 2-59 斜面和浮雕效果

默认的阴影和高光仍然达不到我们想要的效果，再调整高光和阴影的颜色即可。

（2）按 Ctrl+J 组合键复制图层，删除复制图层的图层样式效果，设置填充度为 0，如图 2-60 所示。

（3）将下面一层的图案叠加效果拖动到复制的层上。操作步骤如图 2-61 所示。

（4）将"Titanic"图层的"颜色叠加"不透明度修改为 100%，效果如图 2-62 所示。

图 2-60　删除图层样式效果

图 2-61　复制图层样式效果

图 2-62　颜色叠加

步骤 6　增加纹理效果

（1）双击"Titanic 副本"的文字图层，添加"斜面和浮雕"选项中的"纹理"选项，如图 2-63 所示。

（2）选择"斜面和浮雕"选项。将色号分别设置为"#13fffc"和"#005780"，这样使得文字的立体感更加突出，如图 2-64 所示。

图 2-63　纹理设置

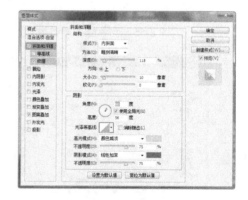
图 2-64　设置色号

（3）选择"渐变叠加"选项，将混合模式设置为正片叠底，如图 2-65 所示，以增加文字上下部分的明暗对比，效果如图 2-66 所示。

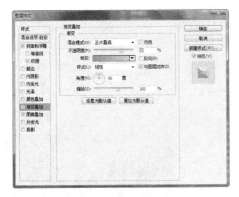

图 2-65　渐变叠加的参数设置

图 2-66　渐变叠加效果

步骤 7　投影效果

（1）选中"Titanic"的文字图层，并双击该图层为其添加投影效果。

（2）选择"投影"选项，单击"等高线"按钮，如图 2-67 所示，弹出"等高线编辑器"对话框，拖动曲线的同时，观察预览效果，如图 2-68 所示，使投影内部暗一些，外部更加虚化，符合真实投影的样式。

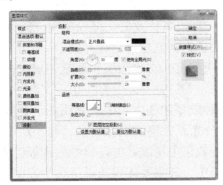

图 2-67　投影效果的设置

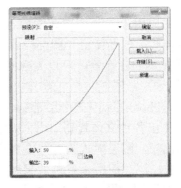

图 2-68　拖动曲线观察预览效果

添加投影后的文字效果如图 2-69 所示。

步骤 8　外发光

（1）双击"Titanic"图层，选择"外发光"选项，参数设置如图 2-70 所示。

图 2-69　文字效果

图 2-70　外发光的参数设置

(2)重新调整投影效果,参数设置如图 2-71 所示。

海报文字的最终效果如图 2-72 所示。

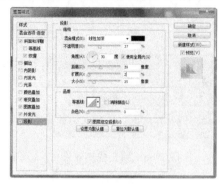

图 2-71 投影参数的设置

图 2-72 海报文字的最终效果

 知识链接

Photoshop CS6 提供了不同的图层混合选项,即图层样式,有助于为特定图层上的对象应用效果。

图层样式是应用于一个图层或图层组的一种或多种效果。可以应用 Photoshop 附带提供的某一种预设样式,或者使用"图层样式"对话框来创建自定义样式。

应用图层样式十分简单,可以为包括普通图层、文本图层和形状图层在内的任何种类的图层应用图层样式。

图层样式是Photoshop中一个用于制作各种效果的强大功能。利用图层样式功能,可以简单、快捷地制作出各种立体投影、各种质感及光景效果的图像特效。与不用于图层样式的传统操作方法相比较,图层样式具有速度更快、效果更精确、可编辑性更强等优势。

图层样式被广泛地应用于各种效果制作当中,其主要体现在以下几个方面。

(1)通过对不同的图层样式选项进行设置,可以很容易地模拟出各种效果。这些效果利用传统的制作方法会比较难以实现,或者根本不能制作出来。

(2)图层样式可以被应用于各种普通的、矢量的和特殊属性的图层上,几乎不受图层类别的限制。

(3)图层样式具有极强的可编辑性。当图层中应用了图层样式后,其会随文件一起保存,可以随时进行参数选项的修改。

(4)图层样式的选项非常丰富,通过不同选项及参数的搭配,可以创作出变化多样的图像效果。

(5)图层样式不仅可以在图层间进行复制、移动,还可以存储成独立的文件,将工作效率最大化。

当然,图层样式的操作同样需要读者在应用过程中注意观察,积累经验,这样才能准确、迅速地判断出所要进行的具体操作和选项设置。

 任务总结

通过本文字特效设计的学习,同学们能够对图层样式有进一步的理解,尤其是对不同参数的设置，会产生不同的效果。同学们可以通过反复练习，熟练掌握相关知识，以便在今后的学习和工作中灵活运用。

试一试

创建一个文字新图层，将图层样式设置为描边、内发光。

课后习题 6

自己创建一个椭圆形新图层，根据所学内容，练习应用图层样式设置其他效果。

第 3 章

音频素材的采集与处理

我们的生活因为有了音乐才显得更加美好，可以说，一个人的生活如果没有音乐，就像一棵小草长在了沙漠上，孤苦伶仃，没有一点生命力。

在我们的现实生活中做几个假设：

电视广告如果没有音效只有干瘪的文字，就算加上图片，它的广告效果也打了很多折扣！

一个公司的宣传片如果没有解说和背景音乐，人们可能在电视播放的时候就会关掉电视机！

……

这样的例子举不胜举，我们可以看出，在多媒体主宰世界的今天，音频是多么的重要。在本章中我们主要介绍数字音频素材的采集及数字音频素材的处理。

任务 1 获取音频

 学习内容

（1）下载互联网上的音频。
（2）翻录音乐 CD 中的曲目。
（3）获取视频中的音频。

 任务描述

在我们工作生活中，音频处处存在，如何正确地获取它们以便我们对它们进行加工处理呢？在本任务中，我们要完成下载互联网上的音频、翻录音乐 CD 中的曲目、获取视频中的音频。这些操作简单实用，是获取音频素材的最常用方法。

 难点要点分析

要完成本任务的学习，需要有一台多媒体计算机，安装 Windows 7/Windows 8 操作系统,保证声卡、音箱能正常使用,保证网卡能正常工作并能连接到 Internet。

本任务的要点是获取音频的操作,难点是对获取的音频属性进行正确的设置。

操作步骤

步骤 1　获取互联网上的音频

(1)安装并打开"酷狗音乐"软件,其工作界面如图 3-1 所示。

图 3-1　"酷狗音乐"软件的工作界面

> **提示**
>
> 下载互联网上音频的方法非常多,在本任务中使用的是"酷狗音乐"软件。用户可以尝试在浏览器中直接下载,也可以使用其他软件,如百度音乐播放器、QQ 音乐、唱吧音乐下载工具等。

(2)在"酷狗音乐"软件工作界面上方的文本框中输入要搜索的音频文件名称,并单击其右侧的"搜索"按钮，如图 3-2 所示。

(3)在图 3-3 中单击"老狼—同桌的你伴奏"后,打开此结果的链接窗口,在链接窗口中右击,在弹出的快捷菜单中选择"目标另存为"命令。

(4)弹出的"下载"对话框如图 3-4 所示。单击"更改目录"按钮对下载音频的保存位置进行设置;勾选"记住我的选择,本次不再提示"复选框,单击"下载设置"按钮。

(5)在弹出的"选项设置"对话框中选择"下载设置"选项,如图 3-5 所示。设置下载目录、歌词目录、缓存目录、同时下载文件数后单击"确定"按钮。

图 3-2 搜索音频

图 3-3 链接窗口

图 3-4 "下载"对话框

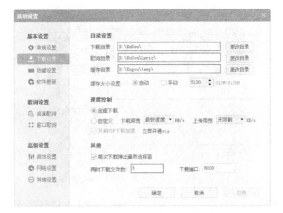

图 3-5 "选项设置"对话框

（6）返回"下载"对话框，单击"立即下载"按钮。
（7）单击左侧"我的下载"按钮 ，如图 3-6 所示，查看下载信息，如图 3-7 所示。

图 3-6 我的"下载"按钮

图 3-7 查看下载信息

（8）当进度到达 100%后，可以到设置的"下载目录"中找到已成功下载的音频文件。

步骤 2　获取 CD 光盘中的音频

（1）把音乐 CD 光盘放入光驱。
（2）打开 Windows 操作系统自带的 Windows Media Player 播放器，正在播放模式如图 3-8 所示。
（3）单击 Windows Media Player 播放器工作界面右上角的"切换到媒体库"按钮 ，完成后如图 3-9 所示。

多媒体制作

图 3-8　Windows Media Player 播放器正在播放模式

图 3-9　Windows Media Player 媒体库模式

提示

Windows Media Player 播放器有两种工作模式：正在播放模式和媒体库模式。可以使用对应界面中的 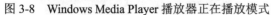 和 两个按钮进行切换。

在 Windows Media Player 媒体库模式下，按 Ctrl+M 组合键可以控制菜单的显示与隐藏。

（4）在左侧选择 CD 光盘唱片集，并选择要翻录的曲目，如图 3-10 所示。

图 3-10　选择要翻录的曲目

（5）单击 » 按钮，在弹出的下拉列表中选择"翻录设置"→"更多选项"命令，如图 3-11 所示，在弹出的"选项"对话框中，对翻录音乐的保存位置、文件名、翻录格式、音频质量等进行设置，如图 3-12 所示。单击"确定"按钮。

图 3-11　翻录设置

图 3-12　"选项"对话框

（6）单击 » 按钮选择"翻录 CD"命令，如图 3-13 所示，开始翻录 CD，如图 3-14 所示。

图 3-13　翻录 CD　　　　　　　　　　　图 3-14　开始翻录

（7）进度完成后，成功获取 CD 光盘中的音频。

步骤 3　获取视频中的音频

（1）利用 QQ 影音播放器打开计算机存储器中的视频文件，如图 3-15 所示。

（2）在 QQ 影音播放器上右击，在弹出的快捷菜单中选择"转码/截取/合并"→"视频/音频截取"命令，如图 3-16 所示。

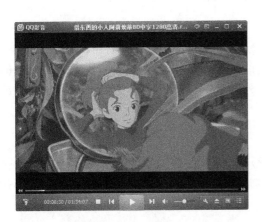
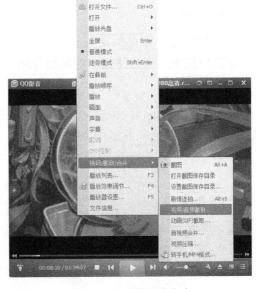

图 3-15　使用 QQ 影音播放器打开视频文件　　　　图 3-16　选择相应命令

（3）调整截取音频的开始点和结束点，如图 3-17 所示，调整好后，单击"保存"按钮。

（4）在弹出的"视频/音频保存"对话框中，选中"仅保存音频"单选按钮，并设置保存的文件名和保存位置，如图 3-18 所示。单击"确定"按钮。

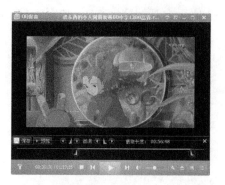

图 3-17　调整截取音频的开始点和结束点

图 3-18　音频保存设置

（5）QQ 影音播放器经过一段时间进行处理，当出现"保存成功，点击播放"时，音频截取操作就完成了。

提示

使用这种方法，也可以随心所欲地截取音频中的某一部分，请大家一定要试一试。

知识链接

1．数字音频

所谓数字音频，就是利用数字技术处理声音的方法，数字音频技术是随着数字信号处理技术、计算机技术、多媒体技术的发展而形成的一种全新的声音处理手段。

2．酷狗音乐

由酷狗科技（Kugou Network）出品，拥有超过数亿的共享文件资料，深受用户的喜爱。酷狗音乐软件给予用户更多的人性化功能，实行多源下载，更快、更高效地下载搜索的歌曲。它拥有强大的网络连接功能，支持局域网、外网等网络环境，支持断点续传，实现超高速下载。

3．QQ 影音

它是由腾讯公司推出的一款支持多种格式影片和音乐文件的本地播放器。除了可以畅享影音播放之外，还具有视频截图、剧情连拍、视频截取和 GIF 截取功能，也可以将精彩片段截取出来独立保存，还能实现音视频转码、压缩、合并等功能。

4．常见的音频类型及特点

● **CD 格式**：是当今世界上音质最好的音频格式，CD 音轨可以说是近似无损的。

● **WAV 格式**：是 Microsoft 公司开发的一种声音文件格式，WAV 格式的声音文件质量和 CD 相差无几。

● **MP3 格式**：所谓 MP3，指的是 MPEG 标准中的音频部分，也就是 MPEG 音频层。根据压缩质量和编码处理的不同，其可分为 3 层，分别对应".mp1"、".mp2"和".mp3"这 3 种声音文件，MPEG 音频文件的压缩是一种有损压缩，相同长度的音乐文件，用".mp3"格式来储存，一般只有".wav"文件的 1/10，而音质要次于 CD 格式或 WAV 格式的声音文件。

- **MIDI 格式**：MIDI 文件并不是一段录制好的声音，而是记录声音的信息，然后再告诉声卡如何再现音乐的一组指令，这样一个 MIDI 文件每存 1 分钟的音乐只用 5~10KB，".mid"文件重放的效果完全依赖声卡的档次。".mid"格式的最大用处是在计算机作曲领域。".mid"文件可以用作曲软件写出，也可以通过声卡的 MIDI 口把外接音序器演奏的乐曲输入计算机中，制成".mid"文件。
- **WMA 格式**：是当今最具实力的音频格式，音质要强于 MP3 格式，更远胜于 RA 格式，支持音频流（Stream）技术，适合在网络上在线播放，Windows 操作系统和 Windows Media Player 的无缝捆绑，使我们只要安装了 Windows 操作系统，就可以直接播放 WMA 音乐，音质可与 CD 媲美。
- **APE 格式**：是流行的数字音乐无损压缩格式之一。与 MP3 有损压缩格式不可逆转地删除数据以缩减源文件体积不同，APE 这类无损压缩格式，以更精炼的记录方式来缩减体积，也就是说将从音频 CD 上读取的音频数据文件压缩成 APE 格式后，还可以再将 APE 格式的文件还原，而还原后的音频文件与压缩前的一模一样，没有任何损失，而且 APE 的文件大小大概为 CD 的一半。
- **FLAC 格式**：FLAC（Free Lossless Audio Codec）中文可解释为无损音频压缩编码，是一套著名的自由音频压缩编码，其特点是无损压缩。不同于其他有损压缩编码（如 MP3），它不会破坏任何原有的音频资讯，因而可以还原音乐光盘音质。
- **RealAudio**：主要适用于在网络上的在线音乐欣赏。其文件格式主要有 RA、RM 和 RMX 等，这些格式的特点是可以随网络带宽的不同而改变声音的质量。

任务总结

通过本任务的学习，掌握下载互联网音乐的方法、提取音频 CD 光盘中音频的方法、获取视频中音频的方法。这些都是在日常工作生活中获取音频素材的最常用方法，是后继课程的基础。希望同学们在平时多关注新软件或者软件的新功能，随着科技的发展，我们获取音频的方式会越来越多，越来越简单。

试一试

截取一首歌曲中的片段，保存成 MP3 格式。

课后习题 7

（1）截取影视中最精典的对话音频，以 WAV 格式保存。
（2）把汽车音乐 CD 光盘的优美歌曲翻录成 MP3 格式进行保存。
（3）通过 Internet 下载自己喜欢的歌曲，并尝试下载对应的歌词。

任务 2　录制音频

学习内容

（1）使用 Windows 操作系统自带的录音机录制音频。
（2）使用 Adobe Audition 录制音频。
（3）计算机音频内录。

任务描述

因工作需要，我们常需要自己录制音频。本任务就从实际需求出发，学习如何使用 Windows 操作系统自带的录音机程序进行音频录制，利用专门的音频处理软件 Adobe Audition 进行音频录制，并学习如何录制计算机系统内部音频。

难点要点分析

本任务与上一任务有很多相似之处，与上一任务相比，本任务还必须具备一个麦克风。学习的要点是如何使用各种软件录制音频，难点是在录制之前对各种音频属性的设置，因为如果设置不当就不能正确录制。

操作步骤

步骤 1　使用 Windows 操作系统自带的录音机录制音频

（1）将麦克正确插入机箱的麦克风接口，如图 3-19 所示。
（2）右击任务栏右侧的扬声器按钮 ，在弹出的快捷菜单中选择"录音设备"命令，如图 3-20 所示。

图 3-19　正确插接麦克风

图 3-20　选择"录音设备"命令

（3）在弹出的"声音"对话框中，选择"录制"选项卡，右击"麦克风"图标，在弹出的快捷菜单中选择"启用"命令，如图 3-21 所示。这样，就启用了麦克风，如图 3-22 所示。

第 3 章 音频素材的采集与处理

图 3-21 选择"启用"命令　　图 3-22 启用麦克风

（4）右击"麦克风"图标,在弹出的快捷菜单中选择"属性"命令,如图 3-23 所示,在弹出的"麦克风属性"对话框中选择"级别"选项卡。设置"麦克风"和"麦克风加强"两项属性,以控制麦克风的音量,如图 3-24 所示。在"高级"选项卡中设置默认格式,选择在共享模式中运行时使用的采样频率和位深度,如图 3-25 所示。

图 3-23 选择"属性"命令　　图 3-24 设置麦克风属性　　图 3-25 设置默认格式

（5）选择"开始"→"所有程序"→"附件"→"录音机"命令,打开 Windows 7 操作系统的"录音机"对话框。如图 3-26 所示。

（6）正确佩戴麦克风,如图 3-27 所示。

图 3-26 "录音机"对话框　　　　　　图 3-27 正确佩戴麦克风

（7）开始录音,录音时录音机工作对话框如图 3-28 所示。

（8）单击"停止录制"按钮即可完成音频的录制,弹出"另存为"对话框,确定文件保存的位置和文件名,如图 3-29 所示。单击"保存"按钮,完成录制。

图 3-28　录音机正在录音　　　　　　　　图 3-29　保存音频文件

步骤 2　使用 Adobe Audition 录制音频

（1）安装并打开 Adobe Audition CS6 软件，其工作界面如图 3-30 所示。

（2）选择"文件"→"新建"→"音频文件"命令，弹出"新建音频文件"对话框，设置文件名、采样率、声道、位深度，如图 3-31 所示。

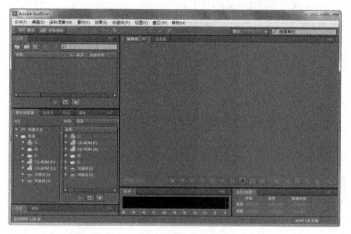

图 3-30　Adobe Audition CS6 工作界面　　　图 3-31　"新建音频文件"对话框

提示

在"新建音频文件"对话框中设置采样率、声道、位深度时，一定与图 3-25 中设置选择在共享模式中运行时使用的采样频率和位深度一致，否则会出现如图 3-32 所示的错误提示。

图 3-32　采样率与输出设备不匹配

（3）单击"确定"按钮，出现音频编辑界面，如图 3-33 所示。

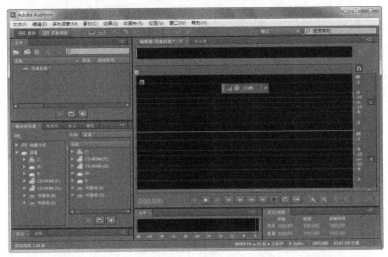

图 3-33　音频编辑界面

（4）正确佩戴麦克风，单击录制按钮 ，开始进行录制，如图 3-34 所示。

提示

在使用 Adobe Audition 录制音频时，常使用录制快捷键 Shift+Space，当录制需暂停或继续时，同样使用此快捷键。

（5）选择"文件"→"存储"（或者"另存为"）命令，弹出"存储为"对话框，设置音频保存参数，主要是文件名、位置、格式、采样类型等，如图 3-35 所示。

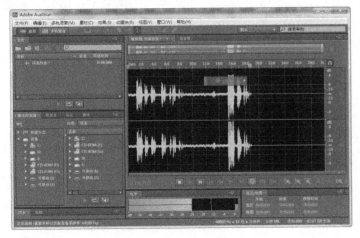

图 3-34　开始录制音频

图 3-35　设置音频保存

提示

在存储音频时，存储的格式不同，音频文件的大小也不同，如图 3-36 所示。

图3-36 存储格式不同时文件大小也不同

存储的采样类型不同,文件大小也不同,如图3-37所示。

图3-37 采样类型不同时文件大小也不同

(6)存储完成,录制音频完成。

步骤3 计算机音频内录

(1)右击任务栏右侧的扬声器按钮,在弹出的快捷菜单中选择"录音设备"命令,在弹出的"声音"对话框中选择"录制"选项卡,右击空白处,在弹出的快捷菜单中选择"显示禁用的设备"命令,如图3-38所示,完成后显示出"立体声混音"如图3-39所示。

图3-38 选择"显示禁用的设备"命令　　　　图3-39 显示"立体声混音"

提示

如果选择"显示禁用的设备"命令后仍没有发现"立体声混音"选项,可能是声卡驱动有问题或者声卡不支持"立体声混音"功能,如果是前者,可以更新声卡驱动。

(2)在"立体声混音"处右击,在弹出的快捷菜单中选择"启用"命令,如图 3-40 所示,完成设备的启用,如图 3-41 所示。

图 3-40 选择"启用"命令

图 3-41 启用立体声混音

(3)在"立体声混音"处右击,在弹出的快捷菜单中选择"设置为默认设备"命令,如图 3-42 所示,则立体声混音被设置为默认设备,如图 3-43 所示。

(4)在"立体声混音"处右击,在弹出的快捷菜单中选择"属性"命令,如图 3-44 所示,在弹出的"立体声混音属性"对话框中设置默认格式,如图 3-45 所示,单击"确定"按钮。

图 3-42 选择"设置为默认设备"命令

图 3-43 立体声混音被设置为默认设备

(5)启动 Adobe Audition CS6,选择"编辑"→"首选项"→"音频硬件"命令,弹出"首选项"对话框,在"音频硬件"选项卡中设置默认输入和采样率,如图 3-46 所示。

(6)选择"文件"→"新建"→"音频文件"命令,弹出"新建音频文件"对话框,设置文件名、采样率、声道、位深度,如图 3-47 所示。

图 3-44 选择"属性"命令　　　　　图 3-45 设置默认格式

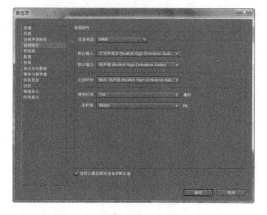

图 3-46 设置"音频硬件"属性　　　　图 3-47 新建音频文件属性设置

提示

上述设置新建音频文件属性的操作与设置"立体声混音"属性（参见图 3-45）和"音频硬件"属性（参见图 3-46）应一致，否则会出现错误提示，无法进行内录。

（7）单击"录制"按钮 ，开始录制计算机内部的音频，应不受外界影响，如图 3-48 所示。

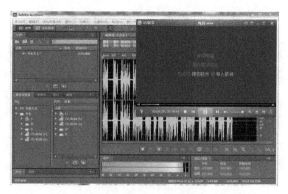

图 3-48 内录音频

(8) 录音结束后，选择"文件"→"存储"命令，对内录的音频进行保存。内录音频操作结束。

知识链接

1. 采样率

采样率也称为采样频率，用来描述采样精度。采样率就是采用一段音频作为样本，因为 WAV 使用的是数码信号，它用一堆数字来描述原来的模拟信号，所以它要对原来的模拟信号进行分析。我们知道所有的声音都有其波形，数码信号就是在原有的模拟信号波形上每隔一段时间进行一次"取点"，赋予每一个点一个数值，这就是"采样"，然后把所有的"点"连起来就可以描述模拟信号，很明显，在一定时间内取的点越多，描述出来的波形就越精确，这个尺度就称为"采样频率"。我们最常用的采样频率是 44.1kHz，它的意思是每秒取样44100 次。之所以使用这个数值是因为经过了反复实验，人们发现这个采样频率最合适，低于这个值就会有较明显的损失，而高于这个值，人的耳朵很难分辨，而且增大了数字音频所占用的空间。

2. 位深度

本任务中所提到的位深度就是比特（bit）率，数码录音一般使用 16 位、20 位或者 24 位。我们知道声音有轻有重，描述声音响度的物理要素是振幅，振幅的最高与最低之间划分出若干个等级对声音的响度进行描述，例如，16 位指把波形的振幅用 2^{16}（65536）个等级进行描述，描述的等级越多，越能细致地反映乐曲的轻响变化。

3. 声道

声道是指声音在录制或播放时，在不同空间位置采集或回放的相互独立的音频信号，所以声道数也就是声音录制时的音源数量或回放时相应的扬声器数量。常见的有单声道、立体声、四声环绕、5.1 声道、7.1 声道。计算机支持的声道数是由声卡或主板上的音频处理芯片决定的，所以在购买声卡或主板时应注意了解其所支持的声道数。

4. Adobe 公司

Adobe 公司创建于 1982 年，是世界领先数字媒体和在线营销方案的供应商。公司总部位于美国加利福尼亚州圣何塞。本书所使用的几个主要软件版权都属于 Adobe 公司，下面分别介绍。

● **Adobe Photoshop**：是最受欢迎的强大图像处理软件之一，是 Adobe 公司旗下最为出名的图像处理软件之一。Photoshop 的应用相当广泛，除了图像编辑领域外，还在图形、文字、视频、出版等方面有涉及。

● **Adobe Audition**：是 Cool Edit 的升级版，Cool Edit 是美国 Syntrillium 公司于 1997 年 9 月发布的一款音频处理软件，Cool Edit 为"专业酷炫编辑"之意。在 2003 年，Adobe 公司收购了 Syntrillium 公司的全部产品，并将 Cool Edit Pro 的音频技术融入了 Adobe 公司的 Premiere、After Effects、Encore DVD 等其他与影视相关的软件中。同时，将 Cool Edit 重新制作，重命名为 Adobe Audition，现在的 Adobe Audition 功能已相当强大。

● **Adobe Premiere**：是 Adobe 公司推出的基于非线性编辑设备的视频编辑软件。Premiere 在影视制作领域取得了巨大成功。其被广泛地应用于电视台、广告制作、电影剪辑等领域，成为 PC 和 MAC 平台上应用最为广泛的视频编辑软件。它可以与其他 Adobe 软件紧密集成，组成完整的视频设计解决方案。与 Adobe 公司的 After Effects 配合使用，使二者发挥了最大功能。

● **Adobe Flash**：前身是美国 Macromedia 公司所设计的一种二维动画软件，2005 年 4 月 18 日，Adobe 公司以 34 亿美元的价格收购 Macromedia 后，更名为 Adobe Flash，用于设计和编辑 Flash 文档及 Adobe Flash Player，用于播放 Flash 文档。

● **Adobe Authorware**：Authorware 最初是由 Michael Allen 于 1987 年创建的公司，而 Multimedia 正是 Authorware 公司的产品。1992 年，Authorware 与 MacroMind-Paracomp 合并，组成了 Macromedia 公司。2005 年 4 月 Adobe 公司收购 Macromedia。Authorware 是一种解释型、基于流程的图形编程语言，被用于创建互动的程序，其中整合了声音、文本、图形、简单动画及数字电影。

任务总结

通过本任务的学习，掌握常用的录制音频方法，主要包括使用 Windows 操作系统自带的录音机程序进行音频录制、使用音频处理软件 Adobe Audition 进行音频录制、录制计算机系统内部音频。希望能通过大量练习达到熟练掌握的程度。

试一试

在互联网上搜索其他录音软件进行录音练习。

课后习题 8

（1）分别使用录音机和 Adobe Audition 进行录音，以 WAV 格式保存。
（2）利用计算机内录方法录制游戏中的音频。

任务 3 编辑音频

学习内容

（1）使用 Adobe Audition 编辑音频的完整流程。
（2）使用 Adobe Audition 多轨混音的编辑技法。

任务描述

在日常生活中，我们经常根据需要制作自己的音乐作品，本任务的最终作品是一个诗朗诵音乐作品，主要涉及诗朗诵和背景音乐的合成，制作一个左声道与右声道不同的混音作品。

难点要点分析

本任务主要体现了音频制作的流程，即导入素材→编辑素材→建立多轨混音项目→将已编辑好的单个素材放入不同的轨道→进行多轨编辑→导出。音频制作的流程是本任务的要点，难点是对于任务中音频编辑操作要学会举一反三，认真思考与练习。

操作步骤

步骤 1　导入音频素材

（1）启动 Adobe Audition CS6，工作界面如图 3-49 所示。

第 3 章 音频素材的采集与处理

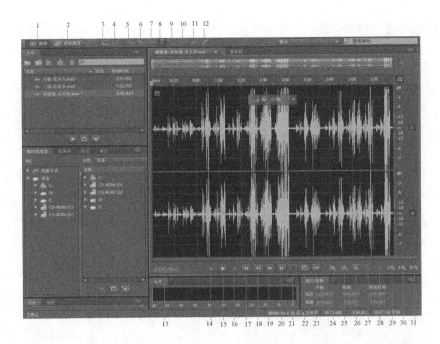

1—查看波形编辑器；2—查看多轨编辑器；3—频谱频率显示；4—频谱音调显示 5—移动工具；6—选择素材剃刀工具；7—滑动工具；8—时间选区工具；9—框选工具；10—套索选择工具；11—笔刷选择工具；12—污点修复刷工具；13—时间码；14—停止；15—播放；16—暂停；17—移动播放指示器到前一点；18—倒放；19—快进；20—移动播放指示器到下一点；21—录制；22—循环播放；23—跳过选区；24—放大（振幅）；25—缩小（振幅）；26—放大（时间）；27—缩小（时间）；28—全部缩小（所有坐标）；29—放大入点；30—放大出点；31—缩放选区

图 3-49　Adobe Audition CS6 工作界面

（2）选择"文件"→"导入"→"文件"命令，弹出"导入文件"对话框，选择要导入的音频文件，如图 3-50 所示。单击"打开"按钮。

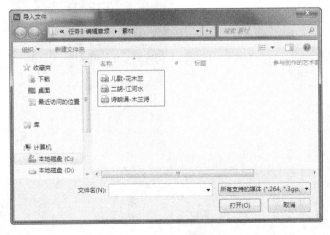

图 3-50　导入音频文件

步骤 2　编辑视频素材

（1）在"文件"面板中双击"诗朗诵-木兰诗.wav"，在"编辑器"面板中看到该音频文件以波形显示，如图 3-51 所示。

（2）数次单击"放大（时间）"按钮 后，选择音频结尾部分，选择"效果"→"静

默"命令,使选中部分静音,如图 3-52 所示。

图 3-51　浏览音频文件

图 3-52　选择"静默"命令

（3）选择两句读音之间的一段噪音,选择"效果"→"降噪/恢复"→"捕捉噪声样本"命令,如图 3-53 所示。

第 3 章 音频素材的采集与处理

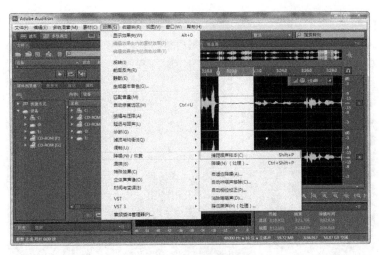

图 3-53 捕捉噪声样本

（4）取消选择状态，选择"效果"→"降噪/恢复"→"降噪（处理）"命令，在弹出的"效果-降噪"对话框中进行设置，如图 3-54 所示。设置完成后单击"应用"按钮。

> **提示**
> 在降噪设置对话框中，可以配合使用"状态开关"和"预演播放/停止"两个功能，对比降噪前后的差别，并进行参数调整，直到满意。

（5）选择"文件"→"存储"命令，对编辑过的音频进行保存。

步骤 3　多轨混音编辑

（1）选择"文件"→"新建"→"多轨混音项目"命令，在弹出的"新建多轨混音"对话框中设置混音项目名称、文件夹位置、采样率、位深度、主控，如图 3-55 所示，单击"确定"按钮。

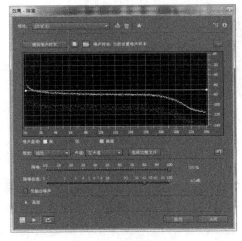

图 3-54　降噪设置

图 3-55　"新建多轨混音"对话框

（2）将"诗朗诵-木兰诗.wav"从左侧的"文件"面板拖到右侧"编辑器"面板的轨道 1

中，如图 3-56 所示。

图 3-56 将音频文件拖入轨道

（3）以同样的方法将"二胡-江河水.mp3"和"儿歌-花木兰.mp3"拖入不同的轨道，完成后如图 3-57 所示。

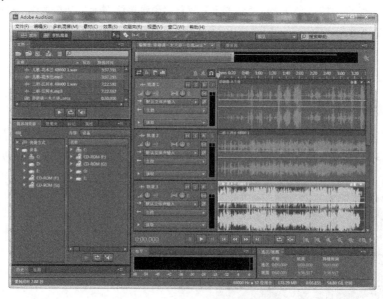

图 3-57 把音频放入不同轨道

（4）将轨道 1 的音量设置为"+5dB"，轨道 2 的音量设置为"-10dB"，轨道 3 设置为"静音"，如图 3-58 所示。

（5）设置时间码为"3:42:00"，将时间定位到 3 分钟 42 秒处，选择素材剃刀工具，并将鼠标指针停放于轨道 2 音频文件的 3 分钟 42 秒处单击，如图 3-59 所示，完成裁剪操作。

（6）裁剪完成后，原来的音频成为两段，在第二段上右击，在弹出的快捷菜单中选择"删除"命令，完成后如图 3-60 所示。

（7）将轨道 2 右侧的"淡出"按钮向左拖曳，完成音频淡出操作，如图 3-61 所示。

第 3 章 音频素材的采集与处理

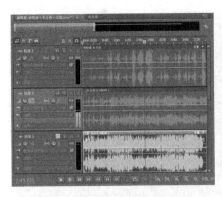

图 3-58 调整不同轨道的音量

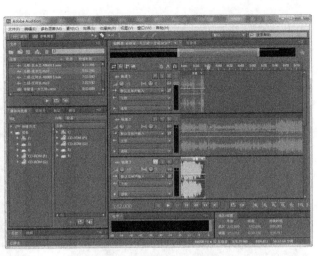

图 3-59 裁剪音频

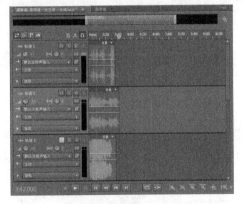

图 3-60 删除音频片段

图 3-61 音频淡出

（8）设置时间码为"3:10:00"，将时间定位到 3 分钟 10 秒处，选择移动工具，将轨道 3 的音频移动到 3 分钟 10 秒处，完成后如图 3-62 所示。

（9）设置时间码为"3:31:00"，将时间定位到 3 分钟 31 秒处，选择素材剃刀工具，在 3 分钟 31 秒处单击完成裁剪；再设置时间码为"3:55:00"，选择素材剃刀工具在 3 分钟 55 秒处单击完成裁剪，如图 3-63 所示。

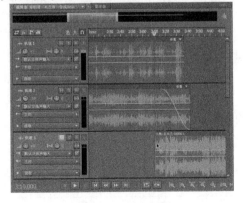

图 3-62 移动音频

图 3-63 裁剪音频

059

（10）将已裁剪的 3 段音频中的第一段和第三段删除，完成后如图 3-64 所示。

（11）将轨道 3 音频的左侧"淡入"按钮向右拖曳，将右侧的"淡出"按钮向左拖曳，完成音频的淡入淡出操作，如图 3-65 所示。

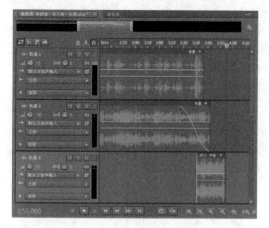

图 3-64　删除音频片段

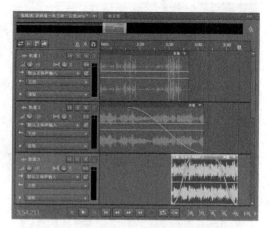

图 3-65　调整音频淡入淡出效果

（12）将轨道 1 的立体声平衡值设置为 100；将轨道 2 和轨道 3 的立体声平衡值都设置为-100，完成后如图 3-66 所示。

步骤 4　导出音频

（1）选择"文件"→"导出"→"多轨缩混"→"完整混音"命令，在弹出的"导出多轨缩混"对话框中设置导出多轨缩混音频的文件名、位置、格式，如图 3-67 所示。单击"确定"按钮。

图 3-66　调整立体声平衡

图 3-67　导出多轨缩混

（2）选择"文件"→"存储"命令，完成音频的编辑。

提示

制作完成的音频在播放时，要尝试切换左声道、右声道、立体声道，体验多轨合成音频的编辑效果。

知识链接

1. Adobe Audition CS6 支持的音频格式

Adobe Audition CS6 功能相当强大，支持的音频格式非常多，主要有 AAC、AIF、AIFF、AIFC、AC-3、APE、AU、AVR、BWF、CAF、EC-3、FLAC、HTK、IFF、M4A、MAT、MPC、MP2、MP3、OGA、OGG、PAF、PCM、PVF、RAW、RF64、SD2、SDS、SF、SND、VOC、VOX、W64、WAV、WMA、WVE、XI、DV、MOV、MPEG-1、MPEG-4、3GPP、3GPP2、AVI、FLV、R3D、SWF、WMV。

2. 音量

音量又称响度、音强，是指人耳对所听到的声音大小强弱的主观感受，其客观评价尺度是声音的振幅大小。这种感受源自物体振动时所产生的压力，即声压。物体振动通过不同的介质，将其振动能量传导出去。人们为了把对声音的感受量化成可以监测的指标，就把声压分成"级"，即声压级，以便能客观地表示声音的强弱，其单位称为"分贝"（dB）。

任务总结

通过本任务的学习，已经掌握了如何制作一个完整的音频作品。要求掌握流程，即导入素材→编辑素材→建立多轨混音项目→将已编辑好的单个素材放入不同的轨道→进行多轨编辑→导出。还要能够对本任务涉及的知识点举一反三，达到熟练使用 Adobe Audition 进行音频编辑的程度，为后继的多媒体制作音频制作部分打下坚实基础。

试一试

（1）自己清唱并录制歌曲"我的中国心"，在网上下载"我的中国心伴奏"音乐，最后将二者合成自己的歌曲作品。

 提示

我们录制的歌曲有些地方节拍把握得不好，请大家根据本任务所学的知识，深入研究如何将声音与伴奏对位，并与周围的同学相互交流。

（2）利用课余时间采集自然界中真实的声音，并把它们分别截取分类，形成自己的音频素材库。

课后习题 9

（1）使用 Adobe Audition 进行音频格式的转换。
（2）制作自己的音乐作品。

视频素材的采集与处理

同学们,我们生活在多媒体世界中,生活的每一天都在发生着变化。例如,现在看电视的人比听收音机的人多了,听 MP3 音乐的人比听录音机的人多了,可 MP4 又把 MP3 远远地抛到了后面,这一切都是为什么呢?也许你说"正常",是的,的确这样!人们不但要有听觉上的满足,更需要有视觉的冲击,只有声音和视频完美结合,才是我们所需要的,平时我们看电视、电影,你有没有梦想过有一天,你能看上自己制作的电影呢?如果有,通过本章的学习,会让你梦想成真!

在本章中,我们的学习目标是视频素材的采集及视频素材的加工处理,并能通过所学知识制作出自己的视频作品。

任务 1 获取视频素材并初步编辑

 学习内容

(1)获取视频素材的方法。
(2)截取视频素材。
(3)视频格式转换。

任务描述

要想制作属于自己的视频作品,首先需要采集视频素材。在数码产品高度发达和普及的今天,获取视频素材的方式非常多,在本任务中将向你介绍如何获取视频素材和如何初步编辑素材。

难点要点分析

本任务相对比较简单,唯一的难点在于常用工具软件的使用学习,要点在于灵活、熟练地运用各种手段进行视频素材的获取和初步编辑,为后面的影视制作学习打好基础。

操作步骤

步骤 1　获取视频素材

获取视频素材的途径非常多,常用的方法如下。

(1)用数码产品录取视频素材。操作方法为先利用数码摄像机、数码照相机、手机或摄像头录制视频,然后使用数据线或网络将数码设备与计算机相连接,将磁带或存储卡中的视频复制到计算机的硬盘中。

(2)从互联网上下载视频素材。

(3)从 VCD 或 DVD 光盘中取得视频素材。

利用已获取视频素材进行专业编辑时,经常出现因占用存储空间过大致使导入视频过慢或因格式不正确而无法导入的问题。下面通过截取视频素材和视频格式转换两种方案解决这两个问题。

步骤 2　截取视频素材

(1)利用 QQ 影音打开计算机存储器中的视频文件,如图 4-1 所示。

(2)在 QQ 影音播放器上右击,在弹出的快捷菜单中选择"转码/截取/合并"→"视频/音频截取"命令,如图 4-2 所示。

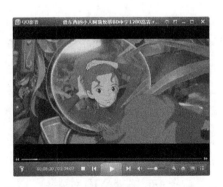

图 4-1　使用 QQ 影音播放器打开视频文件　　　　图 4-2　选择命令

(3)调整截取视频的开始点和结束点,如图 4-3 所示,调整好后,单击"保存"按钮。

(4)在弹出的"视频/音频保存"对话框中,设置输出类型、文件名和保存位置后,单击"确定"按钮。

(5)QQ 影音经过一段时间进行处理,当出现"保存成功,点击播放"时,视频截取操作就完成了。

多媒体制作

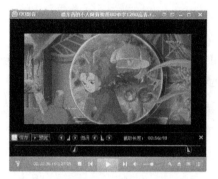

图 4-3　调整截取视频的开始点和结束点

图 4-4　视频保存设置

> **提示**
>
> 现在很多播放器软件都具有视频截取功能，如迅雷看看、暴风影音等播放器，可根据个人爱好决定使用何种软件。

步骤 3　转换视频格式

因为常用来编辑视频的软件支持视频的格式都有限制。例如，Adobe Premiere CS6 可支持 3GP、ASF、AVI、FLV、GIF、MOV、MP4 等视频格式，但随着视频存储技术的不断革新，视频编辑软件不可能支持所有视频格式，所以必须通过视频格式转换软件将不支持的格式转换成可支持的格式。下面以常用的"格式工厂"软件讲解如何进行视频格式的转换。

（1）打开"格式工厂"软件，界面如图 4-5 所示。

（2）如果将视频格式转换为 AVI 格式，那么在图 4-5 中单击"->AVI"按钮，弹出"->AVI"对话框，如图 4-6 所示。

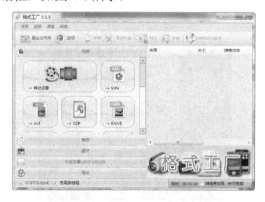

图 4-5　"格式工厂"软件界面

图 4-6　"->AVI"对话框

（3）单击"输出配置"按钮，弹出"视频设置"对话框，如图 4-7 所示。选择转换成的 AVI 格式视频品质后单击"确定"按钮。

（4）单击"添加文件夹"按钮，弹出"打开"对话框，选择要转换格式的视频文件（可以多选），如图 4-8 所示。单击"打开"按钮。

第 4 章 视频素材的采集与处理

图 4-7　"视频配置"对话框　　　　　图 4-8　选择要转换格式的视频文件

（5）单击"改变"按钮，设置输出文件夹，如图 4-9 所示，单击"确定"按钮。
（6）单击"开始"按钮，设置输出文件夹，如图 4-10 所示，单击"确定"按钮。

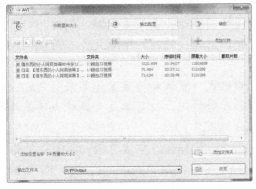

图 4-9　设置输出文件夹　　　　　　　图 4-10　单击"开始"按钮

（7）当转换状态显示 100%时，视频格式转换完成。

提示

视频格式转换工具非常多，除本任务使用的"格式工厂"外，常见的还有暴风转码、RMVB 格式转换器、奇艺 QSV 格式转换工具、MP4 视频格式转换器、MP4/RM 转换专家、艾奇全能视频转换器、狸窝全能视频转换器、视频转换精灵等，可根据实际需求和个人爱好选择相应软件。

知识链接

现在的视频格式多种多样，常见的有适合本地播放的本地影像视频和适合在网络中播放的网络流媒体影像视频两大类。后者在播放的稳定性和播放画面质量上可能没有前者优秀，但网络流媒体影像视频的广泛传播性使之正被广泛应用于视频点播、网络演示、远程教育、网络视频广告等互联网信息服务领域。其中常见的视频格式如下。

● **AVI 格式：**它的英文全称为 Audio Video Interleaved，即音频视频交错格式。其优点是图像

质量好，可以跨多个平台使用；缺点是体积过于庞大，而且更加糟糕的是压缩标准不统一。

● **nAVI 格式**：nAVI 是 newAVI 的缩写，是一个名为 Shadow Realm 的地下组织发展起来的一种新视频格式。它是由 Microsoft ASF 压缩算法修改而来的，但是又与下面介绍的网络影像视频中的 ASF 视频格式有所区别，它以牺牲原有 ASF 视频文件视频"流"特性为代价而通过增加帧率来大幅提高 ASF 视频文件的清晰度。

● **DV-AVI 格式**：DV 的英文全称是 Digital Video，是由 SONY、松下、JVC 等厂商联合提出的一种家用数字视频格式。非常流行的数码摄像机就是使用这种格式记录视频数据的。它可以通过计算机的 IEEE 1394 端口传输视频数据到计算机，也可以将计算机中编辑好的视频数据回录到数码摄像机中。这种视频格式的文件扩展名一般是".avi"，所以也称 DV-AVI 格式。

● **MPEG 格式**：它的英文全称为 Moving Picture Experts Group，即运动图像专家组格式，家里常看的 VCD、SVCD、DVD 就是这种格式。MPEG 文件格式是运动图像压缩算法的国际标准，它采用了有损压缩方法以减少运动图像中的冗余信息。MPEG 格式有 3 个压缩标准，分别是 MPEG-1、MPEG-2 和 MPEG-4，另外，MPEG-7 与 MPEG-21 仍处在研发阶段。

● **DivX 格式**：这是由 MPEG-4 衍生出的另一种视频编码（压缩）标准，即我们通常所说的 DVDrip 格式，它采用了 MPEG-4 的压缩算法，同时又综合了 MPEG-4 与 MP3 各方面的技术，也就是使用 DivX 压缩技术对 DVD 盘片的视频图像进行高质量压缩，同时用 MP3 或 AC3 对音频进行压缩，然后再将视频与音频合成并加上相应的外挂字幕文件而形成的视频格式。其画质直逼 DVD，并且体积比 DVD 小得多。

● **MOV 格式**：美国 Apple 公司开发的一种视频格式，默认的播放器是苹果的 QuickTime Player。其具有较高的压缩比率和较完美的视频清晰度等特点，但是其最大的特点还是跨平台性，即不仅能支持 Mac OS，同样也能支持 Windows 系列。

● **ASF 格式**：它的英文全称为 Advanced Streaming Format，它是 Microsoft 公司为了和 RealPlayer 竞争而推出的一种视频格式，用户可以直接使用 Windows 自带的 Windows Media Player 对其进行播放。由于它使用了 MPEG-4 的压缩算法，所以压缩率和图像的质量都很不错。

● **WMV 格式**：它的英文全称为 Windows Media Video，也是 Microsoft 推出的一种采用独立编码方式，并且可以直接在网上实时观看视频节目的文件压缩格式。WMV 格式的主要优点包括本地或网络回放、可扩充的媒体类型、部件下载、可伸缩的媒体类型、流的优先级化、多语言支持、环境独立性、丰富的流间关系及扩展性等。

● **RM 格式**：Real Networks 公司所制定的音频视频压缩规范称为 RealMedia，用户可以使用 RealPlayer 或 RealONE Player 对符合 RealMedia 技术规范的网络音频/视频资源进行实况转播，并且 RealMedia 可以根据不同的网络传输速率制定出不同的压缩比率，从而实现在低速率的网络上进行影像数据实时传送和播放。这种格式的另一个特点是用户使用 RealPlayer 或 RealONE Player 播放器可以在不下载音频/视频内容的条件下实现在线播放。RM 和 ASF 格式可以说各有千秋，通常 RM 视频更柔和一些，而 ASF 视频则相对清晰一些。

● **RMVB 格式**：这是一种由 RM 视频格式升级延伸出的新视频格式，它的先进之处在于 RMVB 视频格式打破了原先 RM 格式那种平均压缩采样的方式，在保证平均压缩比的基础上合理利用比特率资源，就是说静止和动作场面少的画面场景采用较低的编码速率，这样可以留出更多的带宽空间，而这些带宽会在出现快速运动的画面场景时被利用。这样在保证了静止画面质量的前提下，大幅地提高了运动图像的画面质量，从而图像质量和文件大小之间就达到了微妙的平衡。

任务总结

通过本任务的学习，掌握常用的视频获取方法，同时我们也学会了如何进行视频的初步编辑，主要是视频截取和视频格式转换操作。本任务的学习目的是为后续课程中的视频编辑打下基础，要求多实践，达到熟练掌握的程度。

试一试

（1）利用课余时间，利用手机录制 1 分钟左右的"自我简介"视频，之后完成以下两个操作。
① 将录制的视频存储到计算机硬盘中。
② 将录制的视频转换成 AVI 格式，并重新命名为"自我简介"。
（2）尝试利用摄像头录制一段视频并进行视频格式转换。

课后习题 10

（1）假设有一部电影视频文件存储在计算机的硬盘中，现在只想要电影中的某一段视频，应如何操作呢？
（2）说说你最常用的视频转换工具有哪些。

任务 2　快速制作电子相册

学习内容

（1）新建项目。
（2）导入素材。
（3）编辑音频/视频素材。
（4）添加视频切换特效。
（5）导出视频。

任务描述

在日常生活中，我们的手机、数码照相机等设备中存储着大量的精彩照片，那么如何利用它们制作能够自动播放且有背景音乐的电子相册呢？本任务就是学习如何使用 Adobe Premiere 快速制作一个带有背景音乐的电子相册。

难点要点分析

本任务的要点是掌握制作电子相册的流程，难点是熟悉 Adobe Premiere 软件的操作界面，因为第一次接触 Adobe Premiere 软件，所以感觉很繁杂。没关系，请坚定一定能学会的信心，只要紧跟本任务由浅入深的思路，将会非常容易上手。

 操作步骤

步骤 1　新建项目

（1）启动 Adobe Premiere Pro CS6 软件，如图 4-11 所示。

（2）在弹出的"欢迎使用 Adobe Premiere Pro"对话框中单击"新建项目"按钮，如图 4-12 所示。

图 4-11　启动 Adobe Premiere Pro CS6

图 4-12　单击"新建项目"按钮

（3）在弹出的"新建项目"对话框中，确定项目文件存放的位置和项目文件名称，如图 4-13 所示，单击"确定"按钮。

（4）在弹出的"新建序列"对话框中，在"有效预设"选项组中选择"DV-PAL"→"标准 48kHz"选项，输入序列名称，如图 4-14 所示，单击"确定"按钮。

步骤 2　导入素材

（1）选择"编辑"→"首选项"→"常规"命令，如图 4-15 所示。

（2）在弹出的"首选项"对话框中，选择"常规"选项，并设置静帧图像默认持续时间为 75 帧，如图 4-16 所示，单击"确定"按钮。

图 4-13　新建项目

图 4-14　"新建序列"对话框

图 4-15　选择"首选项"命令

第 4 章 视频素材的采集与处理

> **提示**
> 如果使导入的每张图片在制作的视频中默认持续时间为 3 秒，那么应考虑在新建项目时选择的有效预设，因为每一种有效预设都设定了帧速率（如本任务设定有效预设为 DV-PAL 标准 48kHz，这种电视制式预设的帧速率为 25.00 帧/秒），而静帧图像默认持续时间 = 帧速率 × 持续时间，本任务的静帧图像默认持续时间 = 25.00 × 3 = 75。

（3）选择"文件"→"导入"命令，在弹出的"导入"对话框中选择制作电子相册所需的照片及背景音乐，如图 4-17 所示，单击"打开"按钮。

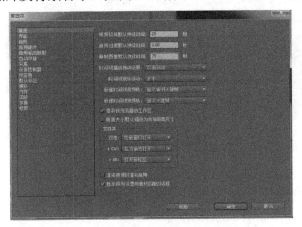 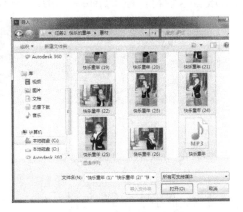

图 4-16 设置静帧图像默认持续时间　　　　图 4-17 选择导入的素材

> **提示**
> Adobe Premiere Pro 可以将各种文件格式的视频、音频和静止图像文件导入到其项目之中，导入的可以是单个文件，也可以是多个文件或整个文件夹。

步骤 3　编辑音频/视频素材

（1）把导入的图片素材拖入时间线的"视频 1"轨道上，如图 4-18 所示。

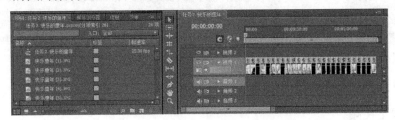

图 4-18　将图片素材拖入视频轨道

（2）选中"视频 1"轨道上的图片素材，右击，在弹出的快捷菜单中选择"缩放为当前画面大小"命令。

（3）把导入的背景音乐素材拖入时间线的"音频 1"轨道上，如图 4-19 所示。

（4）在"工具"面板中选择"剃刀"工具 ，将其放在"音频 1"轨道上（与"视频 1"

轨道最后一张图片右侧对齐），单击完成音频切割，如图4-20所示。

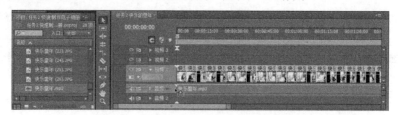

图4-19　将背景音乐素材拖入音频轨道

（5）在"工具"面板中选择"选择"工具 ，通过单击选择"音频 1"轨道上被分割的第二段音乐素材，按Delete键删除。删除后如图4-21所示。

图4-20　切割音频　　　　　　　　　　图4-21　删除多余的音频片段

步骤4　添加视频切换特效

（1）打开"效果"面板，单击"视频切换"左侧的小三角 ，展开"视频切换"特效，再单击左侧的小三角 展开列表中的子项，如图4-22所示。

（2）将所需要的视频切换效果拖到时间线"轨道 1"中两个图片素材的中间，如图 4-23 所示。

 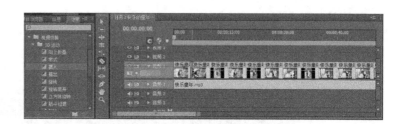

图4-22　展开视频切换效果列表　　　　图4-23　添加视频切换效果

（3）重复上一步，为每两个图片素材中间添加视频切换效果。

步骤5　导出视频

（1）选择"文件"→"导出"→"媒体"命令，弹出"导出设置"对话框，如图 4-24 所示。

（2）在"导出设置"对话框中单击"输出名称"右侧默认的输出文件名，弹出"另存为"对话框，设置导出视频存放的文件夹位置和文件名，如图 4-25 所示，单击"保存"按钮。

(3)在"导出设置"对话框中单击"导出"按钮,弹出编码进度条,如图 4-26 所示。
(4)导出完成后,选择"文件"→"存储"命令,对项目进行保存。
(5)电子相册制作完成后,可以使用视频播放器打开制作好的电子相册视频文件。

图 4-24　"导出设置"对话框

图 4-25　保存设置

图 4-26　编码进度条

知识链接

常用的影视编辑基础术语如下。

1. 帧

帧是组成影片的每一幅静态画面。无论是电影还是电视,都是利用动画的原理使图像产生运动。动画是一种将一系列差别很小的画面以一定速率连续放映而产生出运动视觉的技术。根据人类的视觉暂留现象,连续的静态画面可以产生运动效果。构成动画的最小单位为帧(Frame),即组成动画的每一幅静态画面,一帧就是一幅静态画面。

2. 帧速率

帧速率是视频中每秒包含的帧数。为了得到平滑连贯的运动画面,必须使画面的更新达到一定标准,即每秒所播放的画面要达到一定数量,这就是帧速率。PAL 制影片的帧速率是 25 帧/秒,NTSC 制影片的帧速度是 29.97 帧/秒,电影的帧速率是 24 帧/秒,二维动画的帧速率是 12 帧/秒。

3. 视频采集

视频采集是指通过设备获取视频数据，并将视频数据保存到计算机硬盘中的过程。常用的视频采集设备有摄像机、录像机、数码照相机、摄像头等。

4. 字幕

字幕是指在视频中出现的解说文字及其他文字，如影片名、演职员表、唱词、对白、说明词及人物介绍、地名和年代等。字幕将节目的语音内容以字幕方式显示，既可以帮助听力较弱的观众理解节目内容，又用于翻译外语节目，加强观众对视频内容的接收度。

5. 素材

素材是指影片中的小片段，可以是音频、视频、静态图像或标题。

6. 视频转场

视频转场也称视频转换或视频切换，就是在一个场景结束到另一个场景开始之间出现的内容。通过添加转场，剪辑人员可以将单独的素材和谐地融合成一部完整的影片。

7. 时间码

时间码是指用数字的方法表示视频文件的一个点，相对于整个视频或视频片段的位置。时间码可以用于做精确的视频编辑。

8. 制式

所谓制式，就是指传送电视信号所采用的技术标准。NTSC 和 PAL 属于全球两大主要的电视广播制式，由于系统投射颜色影像的频率不同，这两种制式是不能互相兼容的。如果在 PAL 制式的电视上播放 NTSC 的影像，画面将变成黑白，反之亦然。NTSC 标准主要应用于日本、美国、加拿大和墨西哥等，PAL 是西德在 1962 年指定的彩色电视广播标准，它克服了 NTSC 相位敏感造成色彩失真的缺点，主要应用于西德、英国等一些西欧国家，新加坡、中国、澳大利亚、新西兰等国家也采用这种制式。PAL 电视标准为每秒 25 帧，电视扫描线为 625 线，标准的数字化 PAL 电视标准分辨率为 720×576，24bit 的色彩位深，画面的宽高比为 4∶3。

9. 宽高比

视频标准中的宽高比，可以用两个整数的比来表示，也可以用小数来表示，如 4∶3 或 1.33。电影、SDTV（标清电视）和 HDTV（高清电视）具有不同的宽高比，SDTV 的宽高比是 4∶3 或 1.33；HDTV 和扩展清晰度电视（EDTV）的宽高比是 16∶9 或 1.78；电影的宽高比从早期的 1.333 到宽银幕的 2.77。像素宽高比是指图像中一个像素的宽度和高度之比，帧宽高比则是指图像的一帧的宽度与高度之比。某些视频输出使用相同的帧宽高比，但使用不同的像素宽高比。例如，某些 NTSC 数字化压缩卡产生 4∶3 的帧宽高比，但使用方形像素（1.0 像素比）及 640×480 分辨率；DV-NTSC 采用 4∶3 的帧宽高比，但使用矩形像素（0.9 像素比）及 720×486 分辨率。

10. 线性编辑与非线性编辑

线性编辑是一种磁带的编辑方式，它利用电子手段，根据节目内容的要求将素材连接成新的连续画面的技术。这是电视节目的传统编辑方式。

非线性编辑是相对于传统上以时间顺序进行线性编辑而言的。非线性编辑借助计算机来进行数字化制作,几乎所有的工作都在计算机里完成,不再需要过多的外部设备,对素材的调用也是瞬间实现,不用反复在磁带上寻找,突破单一的时间顺序编辑限制,可以按各种顺序排列,具有快捷简便、随机的特性,节省了设备、人力,提高了效率。

非线性编辑需要专用的编辑软件,常见的有 Premiere 和会声会影等。

任务总结

通过本任务的学习,我们掌握了视频编辑的基本流程,即新建项目→导入素材→编辑素材→添加特效→字幕制作→导出视频。其中字幕制作环节在后续的任务中专门讲解。相信通过本任务的学习,同学们对影视编辑有了初步的了解,并对此产生了极大的兴趣,在此提醒学习本课程的关键在于不断的实践,在实践中提高。

试一试

将手机中的精美图片制作成电子相册。

课后习题 11

(1) 以自己所在的团队为目标,制作一个团队生活电子相册。
(2) 谈谈你所知道的影视编辑术语及含义。

任务3 运用视频特效(一)

学习内容

(1) 新建项目。
(2) 导入素材。
(3) 编辑音频/视频素材。
(4) 导出视频。

任务描述

当我们观看一部影视大片时,影片中的影视特技让我们惊讶和感叹,这些主要归功于视频特效,相信大家一定想在自己的视频作品中加入一些特效吧。在本任务中,主要讲解视频特效的添加方法和关键帧调整方法。在编辑视频时,适当地运用视频特效,会使我们的视频作品绚烂多彩,也能更好地表现主题,达到视频制作的目的。

难点要点分析

本任务的要点是掌握视频特效的添加方法,难点是熟练掌握 Adobe Premiere 关键帧的调节技术,只有学会关键帧的运用方法,才能实现视频丰富的动画效果,给人以美的感受,只要多练习,相信你能轻松掌握要领。

 **操作步骤**

步骤 1　新建项目

（1）启动 Adobe Premiere Pro CS6 软件，在弹出的"欢迎使用 Adobe Premiere Pro"对话框中单击"新建项目"按钮。在弹出的"新建项目"对话框中，确定项目文件存放的位置和项目文件名称，如图 4-27 所示，单击"确定"按钮。

（2）在弹出的"新建序列"对话框中，在"有效预设"选项组中选择"DV-PAL"→"标准 48kHz"选项，输入序列名称，如图 4-28 所示，单击"确定"按钮。

图 4-27　"新建项目"对话框

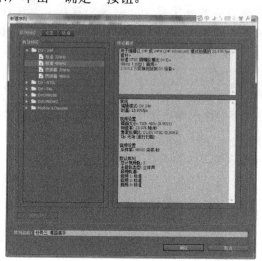

图 4-28　"新建序列"对话框

（3）选择"文件"→"导入"命令，在弹出的"导入"对话框中选择所需视频素材，如图 4-29 所示，单击"打开"按钮。

图 4-29　导入素材

> **提示**
> 如果所使用的视频无法导入,那么有可能是因为 Adobe Premiere Pro 不支持这种视频格式,可以参考任务1,使用"格式工厂"对视频格式进行转换。

步骤2 编辑音频/视频素材

(1)把导入的视频素材拖入时间线的"视频1"轨道上,如图4-30所示。

(2)选择的工具栏中的"缩放"工具 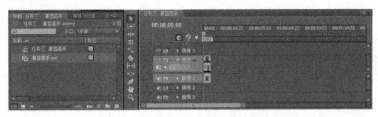,单击视频素材,使其达到适当的放大效果,放大视频素材后的效果如图4-31所示。

(3)在时间面板的"播放指示器位置"中,将时间码设定为"00:00:00:20",这时指针会自动到达视频素材的 20 帧处,在"工具"面板中选择"剃刀"工具将其放在指针处单击进行切割。切割后的效果如图4-32所示。

图 4-30 将视频素材拖入视频轨道

图 4-31 放大视频素材

图 4-32 视频切割(一)

(4)在时间面板的"播放指示器位置"中,将时间码设定为"00:00:02:20",这时指针会自动到达视频素材的 2 秒 20 帧处。再在"工具"面板中选择"剃刀"工具,将其放在指针处单击进行切割。切割后的效果如图4-33所示。

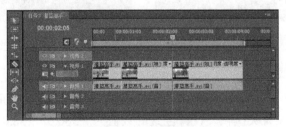

图 4-33 视频切割(二)

(5)在时间面板的"播放指示器位置"处,将时间码设定为"00:00:07:04",这时指针会自动到达视频素材的 7 秒 4 帧处。将被切割好的第三段视频素材拖曳到指针处。拖曳后的效果如图4-34所示。

（6）在被切割好的第二段视频素材上右击，在弹出的快捷菜单中选择"速度/持续时间"命令，在弹出的"素材速度/持续时间"对话框中将速度改为 20%，如图 4-35 所示。

图 4-34　在时间线上移动视频素材的位置

图 4-35　更改素材速度

提示

"素材速度/持续时间"用于改变素材的原始速度，100%是速度不变，200%是原速度的两倍，20%是原速度的 20%。当速度发生改变时，视频的持续时间（播放时间）必然发生变化。

可以尝试勾选图 4-35 中"倒放速度"、"保持音调不变"、"波纹编辑，移动后面的素材"3 个复选框。

（7）在第二段视频素材上右击，在弹出的快捷菜单中选择"复制"命令。再将指针拖曳至最后一段视频素材的右侧，选择"编辑"→"粘贴"命令。

（8）在刚复制好的视频素材上右击，在弹出的快捷菜单中选择"解除视音频链接"命令，在"音频 1"轨道上选择已解除链接的音频，按 Delete 键删除。完成后的效果如图 4-36 所示。

（9）在最后一段没有音频的视频素材上右击，在弹出的快捷菜单中选择"素材速度与持续时间"命令，设置速度为 40%。完成后将其拖曳到如图 4-37 所示位置。

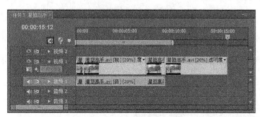

图 4-36　删除音频部分

图 4-37　移动视频素材

步骤 3　设置关键帧

（1）选中"视频 2"轨道中的视频素材，然后在"特效控制台"面板中进行如下操作。

首先在视频初始点设置关键帧，设置位置的数值为（360.0，288.0），缩放比例为 100，如图 4-38 所示。

（2）在视频的"00:00:06:00"处设置关键帧，设置位置的数值为（360.0，577.0），缩放比例"为 263%，如图 4-39 所示。

第 4 章 视频素材的采集与处理

图 4-38 设置初始点的关键帧参数

图 4-39 设置第二点的关键帧参数

（3）在视频的"00:00:06:24"处设置位置的数值为（402.0，557.0），缩放比例为 275%。完成设置帧运动后的效果如图 4-40 所示。

步骤 4 导出视频

（1）选择"文件"→"导出"→"媒体"命令，弹出"导出设置"对话框。导出视频，如图 4-41 所示。

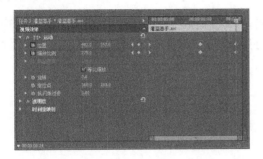
图 4-40 设置第三点关键帧参数

图 4-41 导出视频

（2）导出完成后，选择"文件"→"存储"命令，对项目进行保存。
（3）灌篮高手视频制作完成，可以使用视频播放器打开制作好的视频文件。

知识链接

帧是组成影片的每一幅静态画面。关键帧标记用户指定值（如空间位置、不透明度或音频音量）的时间点。关键帧之间的值是插值。要创建随时间推移的属性变化，应设置至少两个关键帧：一个关键帧对应于变化开始的值，另一个关键帧对应于变化结束的值。

如果已将关键帧添加到序列剪辑中，则可在"特效控制台"面板中查看它们。任何包含关键帧属性的效果在其折叠时都会显示摘要关键帧图标。

在"特效控制台"面板中，单击"效果名称"左侧的三角形，展开要查看的效果，效果属性有"值"和"速率"两种图表显示方式，如图 4-42 所示。关键帧的常用操作如下。

（1）切换动画：用于删除此效果上的所有关键帧。
（2）：这 3 个按钮的作用从左至右依次是跳转到前一关键帧、添加/移除关键帧、跳转到下一关键帧。
（3）调整参数值：当把鼠标指针移动到数值上并出现如图 4-43 所示的"小手和双向箭

头"标志时,通过拖曳鼠标的方法进行数值调整。

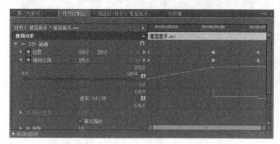
图 4-42 "值"和"速率"两种图表

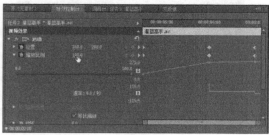
图 4-43 调整参数值

(4)精确定位:在图 4-43 左下角的位置有一个用于精确调整"播放指示器位置"的时间码,时间码的格式为"时:分:秒:帧",如"00:23:05:21"表示时间位于 23 分 5 秒 21 帧处。

任务总结

通过本任务的学习,我们掌握了在视频编辑过程中关键帧的调整,只有熟练掌握关键帧的操作,才能顺利地实现视频中的动画和各种特效调整,所以请同学们认真练习,能达到举一反三的目的。

试一试

用手机拍一段视频,通过关键帧的调整,制作成搞笑视频。

课后习题 12

(1)拍一段人从高处跳下的视频,然后利用图 4-33 中的倒放速度实现特技效果。
(2)利用关键帧技术,使自己拍摄的动作视频实现快慢镜头效果。

任务 4 运用视频特效(二)

学习内容

(1)新建彩色蒙板。
(2)Alpha 辉光特效。
(3)裁剪特效。

任务描述

在制作视频时,常常利用静态的图片产生动态的效果。在本任务中,我们使用几张静态图片,通过对视频特效关键帧的调节,产生动态效果。

第 4 章 视频素材的采集与处理

 难点要点分析

本任务的要点是掌握视频特效关键帧的调节方法,掌握常用的"Alpha 辉光"和"裁剪"两种特效的使用技巧,难点在于如何计算时间码与关键帧参数,以达到随心所欲地制作各种视频特效的境界。本任务中参数不要死记,而要活学,可以把参数按自己所想进行调节,通过实验、观察、反思对参数进行透彻分析,以突破本任务的难点。

操作步骤

步骤 1 新建项目

(1)启动 Adobe Premiere Pro CS6 软件,新建项目,如图 4-44 所示,单击"确定"按钮,在弹出的"新建序列"对话框中,在"有效预设"选项组中选择"DV-PAL"→"标准48kHz"选项,输入序列名称,如图 4-45 所示,单击"确定"按钮。

图 4-44 "新建项目"对话框

图 4-45 "新建序列"对话框

(2)选择"文件"→"导入"命令,在弹出的"导入"对话框中选择要导入的素材,如图 4-46 所示,单击"打开"按钮,弹出"导入分层文件:1"对话框,在"导入为"下拉列表中选择"合并所有图层"选项,如图 4-47 所示。单击"确定"按钮,直到所有素材导入完毕。

图 4-46 导入素材

图 4-47 导入分层文件

提示

Adobe Premiere Pro 在导入 PSD 格式图片时会弹出导入分层文件对话框，根据实际需要，可选择"合并所有图层"、"合并图层"、"单层"、"序列"四者之一。

步骤 2　编辑音频/视频素材

（1）把导入的图片素材"5.jpg"拖入时间线的"视频 2"轨道上，完成后如图 4-48 所示。

（2）选中"视频 2"轨道上的图片素材，右击，在弹出的快捷菜单中选择"缩放为当前画面大小"命令。完成后如图 4-49 所示。

（3）将图片素材依次拖放到不同的视频轨道，当把素材拖放到视频轨道上方空白处时，Adobe Premiere 会先自动新建视频轨道，再把素材放入视频轨道之中，如图 4-50 所示。完成后如图 4-51 所示。

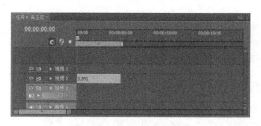

图 4-48　将素材拖入视频 2 轨道

图 4-49　缩放为当前画面大小

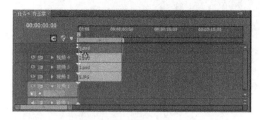

图 4-50　拖放素材到视频轨道上方空白处

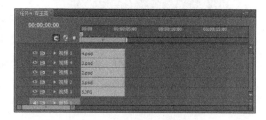

图 4-51　把素材拖入视频轨道

（4）在左下方项目面板空白处右击，在弹出的快捷菜单中选择"新建分项"→"彩色蒙板"命令，如图 4-52 所示。

（5）在弹出的"新建彩色蒙板"对话框中单击"确定"按钮，如图 4-53 所示。

图 4-52　新建彩色蒙板

图 4-53　"新建彩色蒙板"对话框

（6）在弹出的"颜色拾取"对话框中设置 RGB 的值为（0，110，0），如图 4-54 所示，单击"确定"按钮。

（7）在弹出的"选择名称"对话框中输入新建蒙板的名称，如图 4-55 所示，单击"确定"按钮。

图 4-54　"颜色拾取"对话框　　　　　　　图 4-55　确定新建蒙板的名称

（8）将视频 1~5 轨道依次上移，将新建好的蒙板拖入"视频 1"轨道，完成后如图 4-56 所示。

（9）通过框选操作选中所有轨道上的素材，如图 4-57 所示。

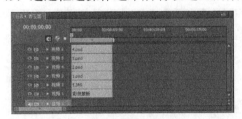
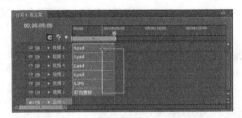

图 4-56　将蒙板拖入视频轨道　　　　　　　图 4-57　选中所有轨道上的素材

（10）把鼠标指针停放在素材的右侧边缘时，当鼠标指针出现 状时向右拖曳，完成更改图片持续时间的操作，如图 4-58 所示。

（11）先选中视频 3~6 这 4 个轨道上的素材，然后在窗口左下方选择"效果"面板，在其中依次展开"视频特效"→"通道"，选择"复合算法"选项并将其拖放到视频轨道中选中的素材上，如图 4-59 所示。

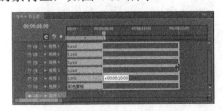

图 4-58　更改图片持续时间　　　　　　　图 4-59　添加视频特效

（12）选中"视频 3"轨道上的素材，在窗口左上方打开"特效控制台"面板，展开复合算法特效，将二级源图层设置为视频 1，如图 4-60 所示。

（13）重复上一步，将"视频 4"、"视频 5"、"视频 6"轨道上的素材所应用的复合算法特效的"二级源图层"都设置为视频 1。

（14）打开"效果"面板，依次展开"视频特效"→"风格化"→"Alpha 辉光"，将 Alpha 辉光特效添加到"视频 3"、"视频 4"、"视频 5"、"视频 6"轨道上的素材上。

（15）将素材的 Alpha 辉光特效的发光数值设定为 16，起始颜色设定为白色，结束颜色设定为白色，参数设置效果如图 4-61 所示。设置参数后的视频效果如图 4-62 所示。

图 4-60　设置特效参数　　　　　　　　　图 4-61　设置特效参数

（16）在"效果"面板中依次展开特效并将其分别添加到"视频 3"、"视频 4"、"视频 5"、"视频 6"轨道上的素材上。

先选中视频 3～6 这 4 个轨道上的素材，然后在窗口左下方选择"效果"面板，在其中依次展开"视频特效"→"变换"，选择"裁剪"选项并将其拖放到视频轨道中选中的素材上，如图 4-63 所示。

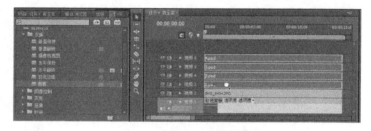

图 4-62　Alpha 辉光效果图　　　　　　　图 4-63　添加视频特效

（17）选中"视频 3"轨道上的素材"1.psd"，打开"特效控制台"面板，展开裁剪特效，定位时间码为"00：00：00：00"，将底部设置为 95.0%，如图 4-64 所示。定位时间码为"00：00：03：00"，将底部设置为 0，如图 4-65 所示。

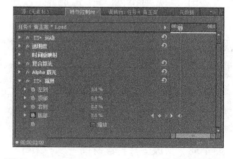

图 4-64　"00：00：00：00"处的参数设置　　　图 4-65　"00：00：03：00"处的参数设置

（18）使用上一步的方法，选中"视频 4"轨道上的素材"2.psd"，在"特效控制台"面板中展开裁剪特效，定位时间码为"00：00：03：02"，将底部设置为 80.0%，如图 4-66 所示。定位时间码为"00：00：06：00"，将底部设置为 0，如图 4-67 所示。

图 4-66 "00:00:03:02"处的参数设置　　图 4-67 "00:00:06:00"处的参数设置
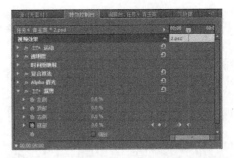

（19）选中"视频 5"轨道上的素材"3.psd"，在"特效控制台"面板中展开裁剪特效，定位时间码为"00:00:06:00"，将底部设置为 80.0%，如图 4-68 所示。定位时间码为"00:00:09:00"，将底部设置为 0，如图 4-69 所示。

（20）选中"视频 6"轨道上的素材"4.psd"，在"特效控制台"面板中展开裁剪特效，定位时间码为"00:00:09:00"，将底部设置为 92.0%，如图 4-70 所示。定位时间码为"00:00:12:00"，将底部设置为 0，如图 4-71 所示。

图 4-68 "00:00:06:00"处的参数设置　　图 4-69 "00:00:09:00"处的参数设置

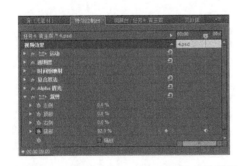
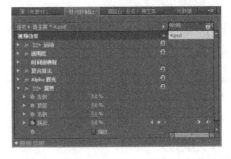

图 4-70 "00:00:09:00"处的参数设置　　图 4-71 "00:00:12:00"处的参数设置

（21）完成"裁剪"参数设置后的效果如图 4-72 所示。

步骤 3　导出视频

（1）选择"文件"→"导出"→"媒体"命令，弹出"导出设置"对话框。编码进度条如图 4-73 所示。

图 4-72 裁剪效果

图 4-73 编码进度条

（2）导出完成后，选择"文件"→"存储"命令，对项目进行保存。

（3）青玉案视频制作完成，可以使用视频播放器打开制作好的设置青玉案的视频文件。

任务总结

通过本任务的学习，使我们更加深入地掌握了视频特效的调节方法，特别是在任务中运用的"Alpha 辉光"特效和"裁剪"特效；在知识链接中我们了解了常用的视频特效及参数含义，希望这些能成为同学们制作视频的好助手。

试一试

模仿本任务，制作一段《沁园春·雪》视频。

课后习题 13

（1）制作一段视频，至少使用 4 种特效。
（2）总结关键帧的使用方法。

任务 5 综合运用

学习内容

（1）安装字体。
（2）编辑静态字幕与静态字幕。
（3）制作卡拉 OK 字幕效果。
（4）序列的嵌套。

第 4 章 视频素材的采集与处理

任务描述

通过前 4 个任务的学习,我们已经掌握了视频素材的采集、视频编辑流程、关键帧操作、视频切换效果和视频特效。在本任务中,综合前面所学,来讲解字幕的制作方法,使同学们通过本任务的学习再一次掌握视频制作的完整流程,并对前面所学知识进行综合运用,以达到巩固提高的效果。

难点要点分析

本任务的要点是字幕制作,特别是动态字幕的制作,使用关键帧制作卡拉 OK 字幕原理简单,但操作繁杂,所以卡拉 OK 字幕的制作是本任务的难点,希望多操作、多练习,以突破难点,掌握技巧。

操作步骤

步骤 1 安装字体

(1)打开给定素材的"字体"文件夹,选择提供的字体文件"汉仪颜楷繁",选择"编辑"→"复制"命令,如图 4-74 所示。

(2)打开操作系统安装的分区(默认为 C 盘)中的"Windows\Fonts"文件夹,选择"编辑"→"粘贴"命令,如图 4-75 所示。完成字体的安装。

图 4-74 复制字体文件　　　　　　　图 4-75 安装字体

> 提示
>
> 本步骤是使用 Adobe Premiere Pro 制作视频前的准备工作,如果使用外部插件,也要在此步骤中完成。

步骤 2 新建项目

启动 Adobe Premiere Pro CS6 软件,新建项目,如图 4-76 所示,单击"确定"按钮,在弹出的"新建序列"对话框中,展开"有效预设"→"DV-PAL"→"标准 48kHz",输入序列名称,如图 4-77 所示,单击"确定"按钮。

图 4-76 "新建项目"对话框

图 4-77 "新建序列"对话框

步骤 3 导入素材

（1）导入素材文件夹中的图片、音频、视频，如图 4-78 所示。

（2）在弹出的"导入分层文件：相册 1"对话框中，使用默认值，即"合并所有图层"，如图 4-79 所示。

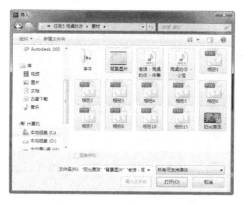
图 4-78 导入素材

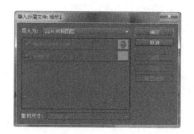
图 4-79 导入分层文件

步骤 4 初步编辑

（1）将音频"老狼-同桌的你-伴奏.mp3"拖放到"音频 2"轨道，如图 4-80 所示。

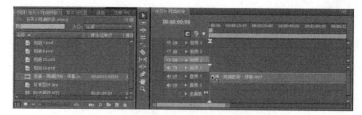
图 4-80 将音频拖放到"音频 2"轨道

（2）将时间码定位到"00：00：04：05"，使用"剃刀"工具进行切割，在切割后的第一段音频上右击，在弹出的快捷菜单中选择"波纹删除"命令，如图 4-81 所示。

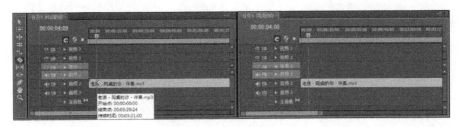

图 4-81 切割音频（一）

（3）将时间码定位到"00：01：11：14"，使用"剃刀"工具进行切割，如图 4-82 所示。

图 4-82 切割音频（二）

（4）将时间码定位到"00：00：09：12"，将音频"同桌的你-小宝.wav"拖放到"音频 1"轨道，如图 4-83 所示。

（5）在"音频 1"轨道的"同桌的你-小宝.wav"上右击，在弹出的快捷菜单中选择"速度/持续时间"命令，在弹出的"素材速度/持续时间"对话框中设置速度为"105%"，如图 4-84 所示，单击"确定"按钮。

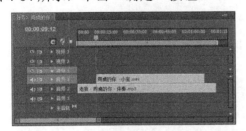

图 4-83 将音频拖放到"音频 1"轨道

图 4-84 设置素材速度/持续时间

（6）将时间码定位到"00：00：00：00"，将图片"背景图片.jpg"拖放到"视频 1"轨道；将时间码定位到"00：01：06：19"，把鼠标指针停放在素材的右侧边缘，当鼠标指针出现 形状时向右拖曳到 1 分 6 秒 19 帧处，完成更改图片持续时间的操作，如图 4-85 所示。

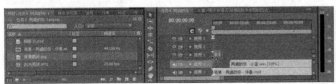

图 4-85 更改持续时间

步骤 5 制作字幕

（1）选择"新建"→"字幕"命令，如图 4-86 所示，在弹出的"新建字幕"对话框中输入字幕名称，如图 4-87 所示，单击"确定"按钮。

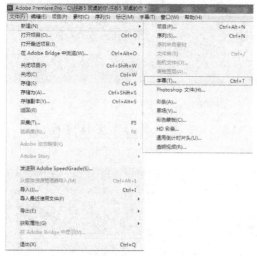

图 4-86 选择命令

图 4-87 "新建字幕"对话框

（2）在字幕窗口左侧选择"矩形工具" ，在顶部画出矩形，并在右侧面板中设置填充颜色为黑色，如图 4-88 所示。

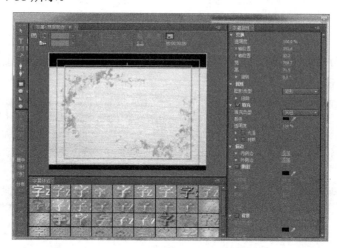

图 4-88 画矩形并填充

（3）在字幕窗口左侧选择"选择"工具，选中刚画好的黑色矩形，右击，在弹出的快捷菜单中选择"复制"命令，再次右击，在弹出的快捷菜单中选择"粘贴"命令，并将复制出的黑色矩形框移动到底部，完成后如图 4-89 所示。

（4）关闭字幕窗口。

（5）在时间线左侧空白处右击，在弹出的快捷菜单中选择"添加轨道"命令，如图 4-90 所示，在弹出的"添加视音轨"对话框中添加 10 条视频轨，如图 4-91 所示。

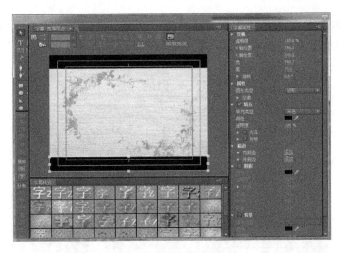

图 4-89　复制矩形并移动

图 4-90　选择"添加轨道"命令

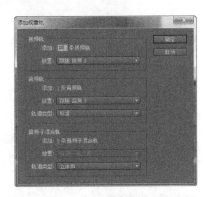

图 4-91　添加视频轨道

（6）将时间码定位到"00：01：00：00"，将字幕"宽屏黑边"拖放到"视频 12"轨道，把鼠标指针停放在素材的右侧边缘，当鼠标指针出现 形状时向右拖曳到 1 分钟处，完成更改字幕持续时间的操作，如图 4-92 所示。

（7）新建字幕，设置字幕名称为"标题-同桌的你"，如图 4-93 所示。

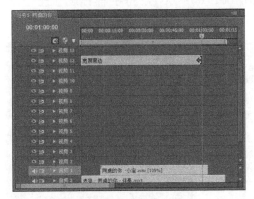

图 4-92　更改字幕持续时间

图 4-93　新建字幕

（8）在字幕窗口中，选择左侧"输入工具（T）" ，先在字幕编辑区拖出一个区域，再输入"同桌的你"，根据自己的喜好更改字体，设置字体的填充效果。本任务制作时设置字体为任务开始时安装的字体,在字幕窗口中字体名称为 HYYanKaiF,填充类型为线性渐变,如图 4-94 所示。线性渐变的两个颜色的参数设置分别如图 4-95 和图 4-96 所示。

图 4-94　字幕文字修饰

图 4-95　线性渐变的颜色设置(一)　　　图 4-96　线性渐变的颜色设置(二)

(9)在"同桌的你"下方制作副标题"——致曾经的你",并适当设置位置、字体、字体大小和填充。完成后如图 4-97 所示。

(10)关闭字幕窗口,将时间码定位到"00:00:00:00",将字幕标题"——同桌的你"拖放到"视频 2"轨道。完成后如图 4-98 所示。

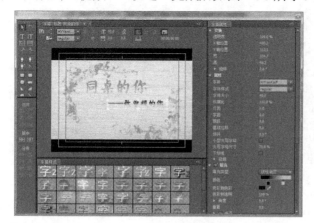 

图 4-97　制作副标题　　　　　　图 4-98　将标题字幕拖入"视频 2"轨道

（11）新建字幕，字幕名称为"字幕1 明天你是否会记得"，如图4-99所示。

（12）输入文字"明天你是否会记得"，并在"明天"后换行，设置字体和填充后，在右侧面板中设置行距，两行分别设置字体大小，完成后如图4-100所示。关闭字幕窗口。

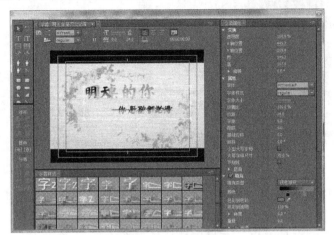

图4-99 新建字幕　　　　　　　图4-100 字幕文字修饰

（13）将字幕"字幕1 明天你是否会记得"拖放到"视频2"字幕"标题-同桌的你"的右侧。完成后如图4-100所示。

（14）以上述方法新建字幕，字幕名称为"字幕 2 三个记得"，文字内容为"记得我们一起玩耍记得我们一起野餐记得我们一起形影不离"。完成后将其拖放到"视频 2"字幕"字幕1 明天你是否会记得"的右侧。完成后如图4-102所示。

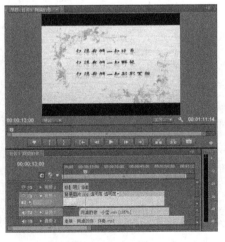

图4-101 将字幕拖入"视频2"轨道（一）　　　图4-102 将字幕拖入"视频2"轨道（二）

（15）选择"文件"→"新建"→"序列"命令，新建序列，设置如图 4-103 所示，单击"确定"按钮。

（16）新建字幕，字幕名称为"字幕 3 明天你是否回想起昨天你写的日记（白）"，文字内容为"明天你是否回想起昨天你写的日记"，如图4-104所示。关闭字幕窗口。

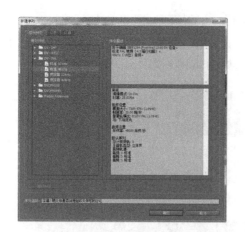

图 4-103　新建序列

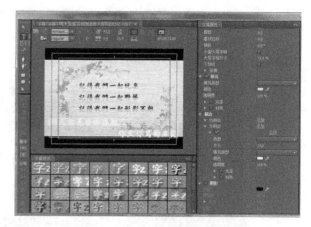

图 4-104　新建白色字幕

（17）在左下方"项目"面板的"字幕 3 明天你是否回想起昨天你写的日记（白）"上右击，在弹出的快捷菜单中选择"复制"命令，在空白处右击，在弹出的快捷菜单中选择"粘贴"命令，在复制好的字幕上右击，在弹出的快捷菜单中选择"重命名"命令，修改字幕名称为"字幕 3 明天你是否回想起昨天你写的日记（蓝）"，完成后如图 4-105 所示。

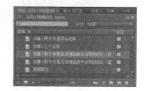

图 4-105　复制字幕并重命名

（18）双击"字幕 3 明天你是否回想起昨天你写的日记（蓝）"，在字幕窗口中进行再编辑，更改填充颜色为蓝色，并去除描边效果，如图 4-106 所示。

（19）将"字幕 3 明天你是否回想起昨天你写的日记（白）"和"字幕 3 明天你是否回想起昨天你写的日记（蓝）"分别拖入"字幕 3 明天你是否回想起昨天你写的日记"序列的"视频 1"和"视频 2"轨道上，完成后如图 4-107 所示。

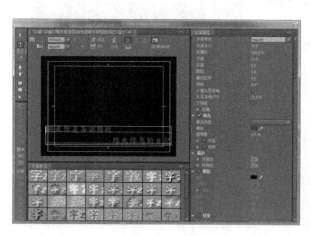

图 4-106　字幕再编辑

图 4-107　把白蓝字幕分别拖入视频轨

（20）将时间码设置为"00：00：08：22"，把鼠标指针停放在素材的右侧边缘，当鼠标指针出现 形状时，向右拖曳到 8 秒 22 帧处，完成后如图 4-108 所示。

（21）将时间码设置为"00：00：01：12"，把鼠标指针停放在"视频 2"轨道素材的左侧边缘时，当鼠标指针出现 形状时，向右拖曳到 1 秒 12 帧处，完成后如图 4-109 所示。

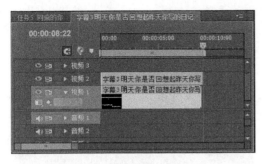
图 4-108 调整字幕的持续时间

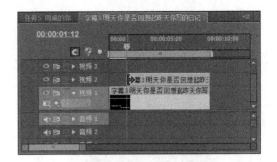
图 4-109 调整字幕的起始位置

（22）在"效果"面板中展开"视频切换"→"擦除"，将"擦除"拖放在"视频 2"轨道的字幕上，如图 4-110 所示。

（23）将时间码设置为"00：00：07：18"，把鼠标指针停放在刚添加的擦除特效右侧边缘，当鼠标指针出现 状时，向右拖曳到 7 秒 18 帧处，如图 4-111 所示。

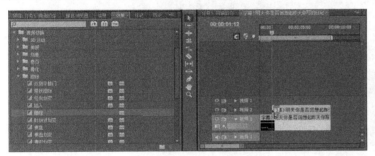

图 4-110 添加擦除特效

图 4-111 改变擦除特效的持续时间

提示

第（15）～（23）步制作的结果是一句歌词的卡拉 OK 字幕效果。

（24）利用第（15）～（23）步的制作方法，制作剩余的歌词字幕和序列，制作完成后如图 4-112 所示。

步骤 6　视频编辑

（1）选择"任务 5 同桌的你"序列。

（2）在"效果"面板中依次展开"视频切换"→"叠化"，将黑场过渡特效拖放到"视频 1"轨道前端、"视频 2"轨道的第 1 个字幕前端、第 1 个和第 2 个字幕之间、第 2 个和第 3 个字幕之间，如图 4-113 所示。

（3）双击"项目"面板中的"阳光男孩.MTS"，在"源"监视器窗口中可以预览素材。将时间码设置为"00：00：07：09"，单击"源"监视器窗口右下方的 按钮，在弹出的下拉菜单中选择"标记入点"选项，如图 4-114 所示。

图 4-112　制作字幕和序列

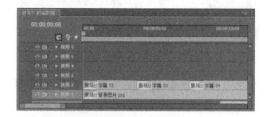

图 4-113　添加黑场过渡效果

图 4-114　标记入点

（4）将时间码设置为"00：00：10：06"，单击"标记出点"按钮 ![btn]，完成后如图 4-115 所示。

（5）将"源"监视器窗口中标记好入点和出点的素材拖放到"视频 2"轨道的右侧，如图 4-116 所示。

图 4-115　标记出点

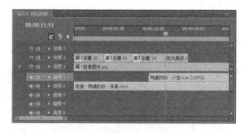

图 4-116　拖放到视频轨道上

> **提示**
>
> 上述三步实现了将源素材的部分应用于序列之中，也可以尝试步骤 4 的第（5）步和第（6）步的方法实现此功能。

（6）在刚插入到"视频 2"轨道的素材上双击，在"特效控制台"面板中展开"运动"，设置缩放比例的值为 45%，如图 4-117 所示。

图 4-117　设置缩放比例

（7）在"效果"面板中依次展开"视频特效"→"键控"，将"蓝屏键"拖放到"视频 2"轨道的最后一个素材上，如图 4-118 所示。

图 4-118　添加视频特效

（8）在"特效控制台"面板中展开"蓝屏键"，设置阈值为 66%，设置屏蔽度为 30%，如图 4-119 所示。

图 4-119　设置视频特效的参数

（9）在"视频 2"轨道的图片素材和视频素材之间展开"视频切换"→"叠化"→"黑场过渡"，添加后如图 4-120 所示。

（10）在"项目"面板中将素材"相册 15.psd"拖放在"视频 2"轨道的末尾，如图 4-121 所示。

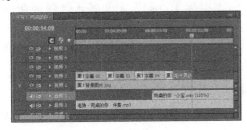

图 4-120　添加黑场过渡特效

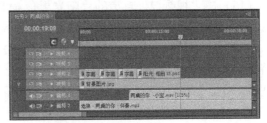

图 4-121　放置"相册 15.psd"

（11）将时间码设置为"00：01：06：06"，把鼠标指针停放在"相册 15.psd"的右侧边缘，当鼠标指针出现 形状时，向右拖曳到 1 分 6 秒 6 帧处，如图 4-122 所示。

（12）右击"视频 2"轨道的"相册 15.psd"，在弹出的快捷菜单中选择"缩放为当前画面大小"命令。

（13）将时间码设置为"00：00：19：21"，将"项目"面板中的素材"相册 1.psd"拖放到"视频 3"轨道的 19 秒 21 帧处，将鼠标指针停放于右侧边缘，当鼠标指针出现 状时，向右拖曳到 1 分 6 秒 6 帧处，右击"相册 1.psd"，在弹出的快捷菜单中选择"缩放为当前画面大小"命令，如图 4-123 所示。

图 4-122　设置"相册 15.psd"的持续时间　　　　图 4-123　放置"相册 1.psd"

（14）使用上述方法在"视频 4"轨道的"00：00：25：16"处放置"相册 2.psd"；在"视频 5"轨道的"00：00：30：02"处放置"相册 3.psd"；在"视频 6"轨道的"00：00：34：04"处放置"相册 4.psd"；在"视频 7"轨道的"00：00：38：01"处放置"相册 5.psd"；在"视频 8"轨道的"00：00：45：06"处放置"相册 6.psd"；在"视频 9"轨道的"00：00：51：08"处放置"相册 7.psd"；在"视频 10"轨道的"00：00：55：19"处放置"相册 8.psd"；在"视频 11"轨道的"00：00：59：11"处放置"相册 10.psd"，并将新放置的每个素材都设置为"缩放为当前画面大小"。完成后如图 4-124 所示。

（15）在"视频 2"轨道的"阳光男孩.MTS"和"相册 15.psd"之间展开"视频切换"→"叠化"→"交叉叠化（标准）"，如图 4-125 所示。

（16）将时间码设置为"00：00：14：11"，选择"视频 2"轨道的"相册 15.psd"，在"特效控制台"面板中展开"运动"，设置位置为（360.0，-278.0），"缩放比例为 120.0%，"旋转为 0；分别为位置、缩放比例、旋转创建关键帧，如图 4-126 所示。

将时间码设置为"00：00：16：06"，设置位置为（243.0，329.0），缩放比例为 66.0%，如图 4-126 所示。

第 4 章 视频素材的采集与处理

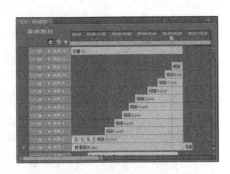

图 4-124　放置其他图像素材

图 4-125　添加交叉叠化特效

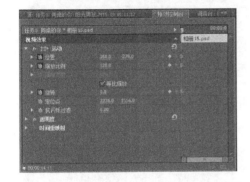

图 4-126　"00：00：14：11"处的参数设置

图 4-127　"00：00：16：06"处的参数设置

将时间码设置为"00：00：17：22",设置位置"为（351.0，268.0）,缩放比例为 40.0%,如图 4-128 所示。

将时间码设置为"00：00：19：10",设置位置为（254.0，377.0）,缩放比例为 21.0%；旋转为 16.0°,如图 4-129 所示。

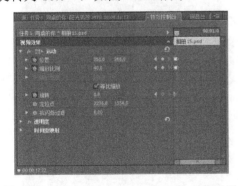

图 4-128　"00：00：17：22"处的参数设置

图 4-129　"00：00：19：10"处的参数设置

（17）设置"视频 3"轨道"相册 1.psd"的关键帧参数,如图 4-130 所示。

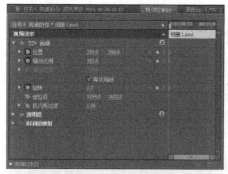

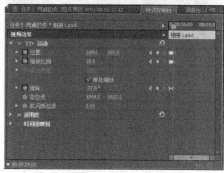

图 4-130 设置"视频 3"轨道"相册 1.psd"关键帧

（18）设置"视频 4"轨道"相册 2.psd"的关键帧参数，如图 4-131 所示。

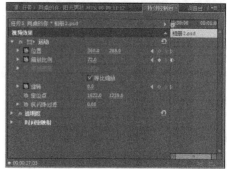

图 4-131 设置"视频 4"轨道"相册 2.psd"关键帧

（19）设置"视频 5"轨道"相册 3.psd"的关键帧参数，如图 4-132 所示。
（20）设置"视频 6"轨道"相册 4.psd"的关键帧参数，如图 4-143 所示。

(21) 设置"视频7"轨道"相册5.psd"的关键帧参数,如图4-134所示。
(22) 设置"视频8"轨道"相册6.psd"的关键帧参数,如图4-135所示。
(23) 设置"视频9"轨道"相册7.psd"的关键帧参数,如图4-136所示。

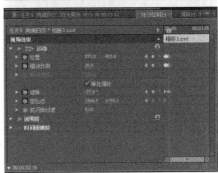

图 4-132 设置"视频5"轨道"相册3.psd"关键帧

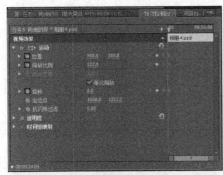
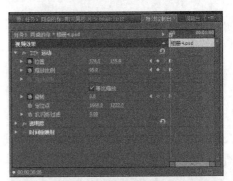
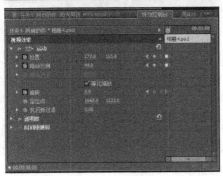

图 4-133 设置"视频6"轨道"相册4.psd"关键帧

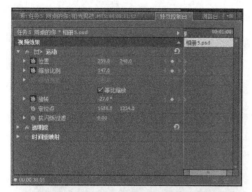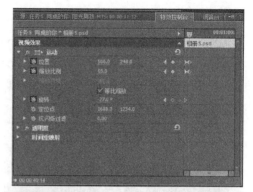

图 4-134 设置"视频 7"轨道"相册 5.psd"关键帧

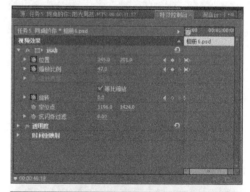

图 4-135 设置"视频 8"轨道"相册 6.psd"关键帧

第 4 章 视频素材的采集与处理

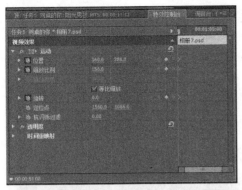

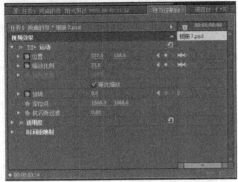
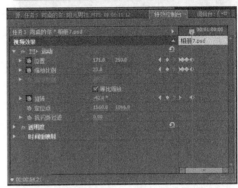

图 4-136　设置"视频 9"轨道"相册 7.psd"关键帧

（24）设置"视频 10"轨道"相册 8.psd"的关键帧参数，如图 4-137 所示。

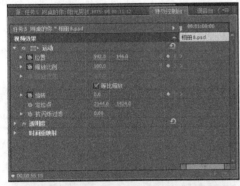

图 4-137　设置"视频 10"轨道"相册 8.psd"关键帧

(25) 设置"视频 11"轨道"相册 10.psd"的关键帧参数,如图 4-138 所示。

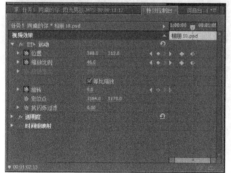

图 4-138　设置"视频 11"轨道"相册 9.psd"关键帧

(26) 向"视频 3"～"视频 11"每个轨道的图片左侧和右侧分别添加视频转场"视频切换"→"叠化"→"交叉叠化(标准)",如图 4-139 所示。

(27) 将时间码设置为"00:00:12:22",将序列"字幕 3 明天你是否回想起昨天你写的日记"拖放至"视频 12"轨道的 12 秒 22 帧处,如图 4-140 所示。

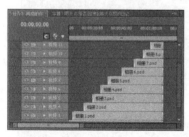
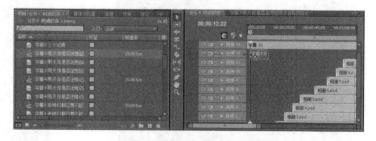

图 4-139　添加交叉叠化特效　　　　　图 4-140　将序列添加到时间线

(28) 以同样的方法将序列"字幕 4 明天你是否还惦记曾经最爱哭的你"拖放至"视频 12"轨道的 21 秒 19 帧处;将序列"字幕 5 老师们都已想不起猜不出问题的你"拖放至"视频 12"轨道的 29 秒 6 帧处;将序列"字幕 6 我也是偶尔翻相册才发现同桌的你"拖放至"视频 12"轨道的 36 秒 9 帧处;将序列"字幕 7 谁娶了多愁善感的你谁看了你的日记"拖放至"视频 12"轨道的 43 秒 5 帧处;将序列"字幕 8 谁把你的长发盘起谁给你做的嫁衣"拖放至"视频 12"轨道的 50 秒 8 帧处。完成后如图 4-141 所示。

(29) 制作字幕,字幕名为"片尾字幕",输入片尾文字,如图 4-142 所示。

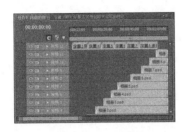
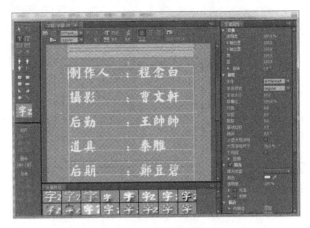

图 4-141　将其他字幕序列添加到时间线　　　　图 4-142　编辑片尾字幕

（30）在字幕窗口左上方单击"滚动/流动选项"按钮 ，在弹出的"滚动/游动选项"对话框中，选中"滚动"单选按钮，如图 4-143 所示，单击"确定"按钮。

（31）将时间码定位到"00：01：06：19"，把刚制作好的"片尾字幕"拖放至"视频 1"轨道的 1 分 06 秒 19 帧处，如图 4-144 所示。

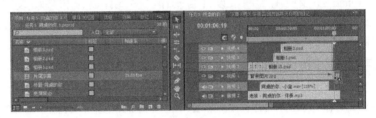

图 4-143　"滚动"单选按钮　　　　　　　图 4-144　放置"片尾字幕"

（32）选择"文件"→"导出"→"媒体"命令，导出视频。
（33）选择"文件"→"存储"命令，存储项目，视频制作完成。

任务总结

通过本任务的学习，我们掌握了字幕的制作方法，在制作卡拉 OK 字幕时，应用到特效和关键帧技术；更重要的是，通过本任务的学习，我们制作了一个完整的 MV 作品，相信同学们对视频编辑流程有了更深入的了解，希望通过加大实践操作以达到巩固和提高的目的，为后续的多媒体作品制作打下坚实基础。

试一试

使用其他方法制作卡拉 OK 字幕效果。

课后习题 14

请从视频的采集、音频的录制、视频的编辑等环节入手，制作自己的视频作品。

制作动画

Flash 主要应用于网页设计与制作、多媒体创作和移动数码产品终端等领域,动画编辑功能非常强大。Flash 是一个潜力巨大的平台,目前像手机、DVD、MP4 等都在使用 Flash 作为操作平台,而我们每天浏览的网页,更少不了用 Flash 创作出既漂亮又可改变尺寸的导航界面及其他奇特的动画效果。

要想学好 Flash,首先应从最基本的知识学起,掌握 Flash 常用功能和操作,逐步从简单到复杂制作一些动画作品,通过浏览动画网站,不断积累经验,参考其手法和制作方法,从而提高制作水平。本章我们的学习目标是学习动画制作软件 Flash CS6,掌握最基本的绘制动画的技能。

任务1 我梦中的房子

 学习内容

(1) 启动 Flash CS6,学习新建、打开、保存 Flash 文件。
(2) Flash CS6 界面的简要介绍。
(3) 在 Flash CS6 中测试和发布动画。

任务描述

Flash 是一款非常优秀的矢量动画制作软件。它具有跨平台、高品质、体积小、可嵌入字体、声音和视频,以及强大的交互功能的特性,深受网页设计师和动画制作者的喜爱。

要完成本任务,首先需要计算机安装有 Flash CS6 软件,我们将通过绘画一所房子,让同学们进入 Flash CS6 的奇妙世界。

第 5 章 制作动画

难点要点分析

本任务的要点是认识 Flash CS6 界面,难点是掌握工具箱中的"线条"工具 、"选择"工具 和"颜料桶"工具 的使用。

操作步骤

步骤 1　启动 Flash CS6

(1) 选择"开始"→"所有程序"→"Adobe Flash CS6 Professional"命令,当所有项目加载完成后,将打开 Flash CS6 的欢迎界面,如图 5-1 所示。在欢迎界面中,我们可以新建一个 Flash 文件;或者打开一个已保存过的 Flash 文件;还可以通过帮助选项,学习 Flash 软件的初级入门课程。

(2) 在"属性"面板中的"脚本"下拉列表中选择"ActionScript 3.0"选项,系统将新建一个 Flash 文件,如图 5-2 所示。区域 1 是菜单栏,除了绘图命令以外的绝大多数命令都可以在菜单栏中找到。区域 2 是"工具箱",里面放着作图用的各种工具。区域 3 是"时间轴",也称"时间线"。时间轴中的小格代表相应的"帧"。"动画"之所以会"动",在于它有很多"帧",而每一帧中画的内容或位置不完全相同,连续播放时才有"动"的感觉,所以"帧"是动画的关键。这些帧从左向右分别为 1、2、3、4,小格上方的数字是为了辅助认识下面的"帧号"。区域 4 是场景,也称"舞台",是绘图区域,只有在这个区域放映对象时才会被大家看到。区域 5 有很多小窗口,称为"'属性'面板",这些面板可以通过鼠标拖放到任意位置,如果暂不需要,也可最小化成按钮图标的形式。

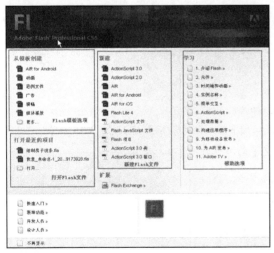

图 5-1　Flash CS6 的欢迎界面

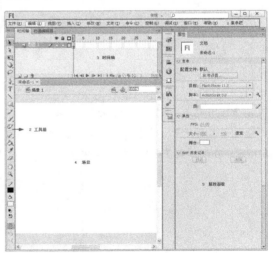

图 5-2　Flash CS6 的工作界面

步骤 2　绘制一所房子

(1) 选择软件窗口左侧工具箱中的"线条"工具,在"属性"面板中设置线条的颜色为黑色,笔触为 1,样式为实线,不选中工具箱中的"对象绘制"模式。然后在场景中按住鼠标左键,绘制出一些线段,如图 5-3 所示。

（2）按住 Shift 键的同时，按住鼠标左键，从左向右拖动至合适位置后释放鼠标左键及 Shift 键，完成一条水平线条的绘制，如图 5-3 中线段 AB 所示。

（3）在 B 点上按住鼠标左键将其拖动到 C 点，然后释放鼠标，完成线段 BC 的绘制，使用相同的方法完成其他线条的绘制。

（4）在绘制中会有一些多余的线条，选择工具箱中的"选择"工具，将光标移动到多余的线条上，当光标变成 形状时，进行单击，选择线条，如图 5-3 所示，然后按 Delete 键删除多余的线条。

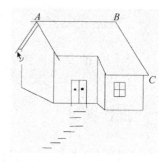

图 5-3 绘画房子

（5）选择工具箱中的"刷子"工具 ，将光标移动到门上涂抹成小黑点，然后使用同样的方法绘制其他形状，如图 5-4 所示。

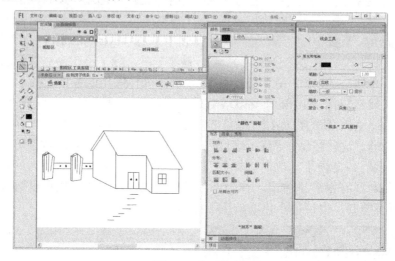

图 5-4 房子线条

提示

以上绘图都是在未选中"对象绘制"模式状态下完成的。

当绘图工具处于"对象绘制"模式时，Flash 会在形状周围添加矩形边框来标识它，如图 5-5 中的 3 号线段所示。在该模式下形状的笔触是单独的元素，并且重叠的形状也不会相互更改。

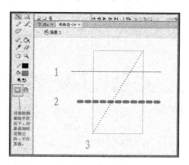

图 5-5 对象绘制

步骤 3　保存文件

（1）选择"文件"→"保存"命令，弹出"另存为"对话框，如图 5-6 所示。

（2）在"保存在"下拉列表中选择保存路径，在"文件名"文本框中输入文件名"我梦中的房子"，单击"保存"按钮保存文件。

步骤 4　打开文件

在欢迎界面中的"打开最近的项目"选项组（如图 5-1 所示）中选择"打开"选项，打开"我梦中的房子.fla"文件。

步骤 5　为房子上色

（1）选择"颜料桶"工具，在"属性"面板中单击"填充颜色"按钮 ，在打开的颜色选择器中输入"#006699"，如图 5-7 所示。

图 5-6　保存文件

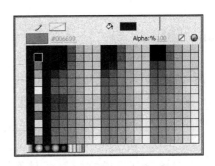

图 5-7　选色板

（2）将光标移动到屋顶上并单击，屋顶被填充为灰黑色。使用相同的方法为墙填充"#cccccc"颜色，门填充"#996666"颜色，窗填充"#99ffff"颜色，篱笆填充"#ffcc99"颜色，如图 5-8 所示。

> **提示**
>
> 如果无法填充颜色，可以把"颜料桶"工具的空隙选项设置成"大空隙"　。

（3）按 Ctrl+S 组合键再次保存。

步骤 6　预览、发布动画

（1）按 Ctrl+Enter 组合键，打开测试动画窗口，文件会自动生成一个"我梦中的房子.swf"文件。

（2）选择"文件"→"发布设置"命令，弹出"发布设置"对话框，如图 5-9 所示。在"其他格式"选项组中可选择要发布的格式并设置发布的位置。

多媒体制作

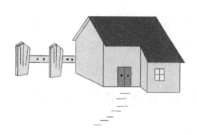

图 5-8　上完色的房子　　　　　　　图 5-9　"发布设置"对话框

知识链接

1. 对象绘制

未选中"对象绘制"模式，当在同一图层中绘制互相重叠的形状时，最顶层的形状会裁去在其下面与其重叠的形状部分。因此绘制形状是一种破坏性的绘制模式，如图 5-10（a）所示。

选中"对象绘制"模式，每个对象是单独的，当分离或重新排列形状外观时，不会改变原有状态，如图 5-10（b）所示。

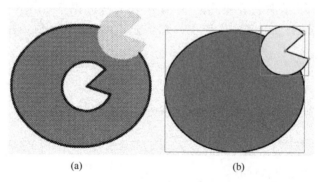

　　　　(a)　　　　　　　　　　(b)

图 5-10　对象绘制的区别

2. 自由绘图工具

Flash CS6 为我们提供了强大的自由绘图工具，包括"线条"工具、"铅笔"工具、"钢笔"工具、"刷子"工具和"形状"工具，可以使用这些工具绘制各种矢量图形。

（1）"线条"工具。

"线条"工具主要用于绘制各种不同样式的直线，还可设置直线的颜色、笔触、样式等属性，"属性"面板如图 5-11 所示效果。

图 5-11 线条"属性"面板

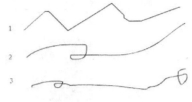

图 5-12 铅笔模式

（2）"铅笔"工具。

"铅笔"工具常用于绘制曲线，"属性"面板同直线工具相同，不同的是它具有 3 种绘制模式，即伸直 、平滑 和墨水 ，会出现越来越平滑的自然绘图效果，效果如图 5-12 所示。

（3）"钢笔"工具。

"钢笔"工具以贝塞尔曲线的方式绘制和编辑图形轮廓，主要用于绘制精确的路径（如直线或平滑流畅的曲线），调整锚点或平滑点上的手柄可以改变曲线的形状。绘制效果如图 5-13 所示。

（4）"刷子"工具。

"刷子"工具可以设置刷子的大小、形状和填充色。它具有 5 种绘制模式，绘制效果如图 5-14 所示。

图 5-13 钢笔绘图

图 5-14 绘画模式

（5）"形状"工具。

"形状"工具包括"矩形"工具 、"椭圆"工具 和"多角形"工具 ，不但可以设置笔触大小和样式，还可以通过设置边角半径来修改矩形的形状，绘制效果如图 5-15 所示。

3. 填充图形工具

对图形应用的颜色包括笔触颜色和填充颜色。在 Flash CS6 中应用颜色的工具包括"颜料桶"工具、"墨水瓶"工具  和擦除颜色的"橡皮擦"工具。

（1）"颜料桶"工具。

"颜料桶"工具用于为图形填充颜色，填充颜色区域通常是封闭区域，应用的颜色可以是无颜色、纯色、渐变色和位图颜色，绘制效果如图 5-16 所示。

图 5-15　"形状"工具　　　　　　图 5-16　"颜料桶"工具的填充效果

（2）"墨水瓶"工具。

"墨水瓶"工具用于修改矢量线的颜色和属性，应用的颜色包括无颜色、纯色、渐变色和位图颜色，绘制效果如图 5-17 所示。

（3）"橡皮擦"工具。

"橡皮擦"工具可以帮助我们修改错误或不需要的图形部分，可以设置橡皮的形状、5 种擦除模式和水龙头选项，绘制效果如图 5-18 所示。

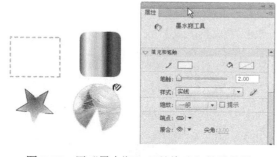   

图 5-17　用"墨水瓶"工具修改矢量线效果　　　图 5-18　"橡皮擦"工具的擦除效果

 任务总结

本任务通过学习新建、打开、保存一个 Flash 文件，使我们掌握了常用绘图工具和填充图形工具的绘图技术，同时我们也学会了在 Flash CS6 中测试和发布动画。本任务的学习目的是认识 Flash CS6 界面，掌握工具箱中"线条"工具、"选择"工具和"颜料桶"工具的正确使用方法。

第5章 制作动画

图 5-19 雪夜中的树

试一试

制作"雪夜中的树"动画,测试后如图 5-19 所示。

课后习题 15

（1）多练习工具箱中的绘图工具和填充工具,总结各种工具的基本属性。
（2）经过教师的指导,课后借助 Flash CS6 欢迎界面中使用自带的帮助选项,进一步掌握本任务的知识点。

任务 2　看海

学习内容

（1）学习渐变填充。
（2）学习创建元件。
（3）将图形转换为元件。
（4）用元件组合图形。
（5）从库中拖动元件到场景。

任务描述

要完成本任务,使用工具箱中的绘制工具和填充工具完成大海、蓝天、海鸥、帆船等对象的绘制,并将它们创建为图形元件保存到库中,进而在场景中创建多个实例来点缀美丽的大海和蓝天。

难点要点分析

本任务的要点是把图形转换成图形元件,并保存到库中;难点是如何分辨场景和元件的编辑窗口。

步骤 1　绘制海平面背景

（1）打开 Flash CS6 软件，新建一个"看海"文件。选择"线条"工具，在"属性"面板中设置线条的颜色为黑色，笔触为 1，样式为实线，绘制场景轮廓。

（2）选择"颜料桶"工具，在"颜色"面板中选择"线性渐变"选项。

（3）将天空填充为"#FFFFFF"、"#0F26F9"的渐变色，如图 5-20 所示。将海面填充为"#97BFF9"、"#0F26F9"的渐变色，如图 5-21 所示。

图 5-20　天空线性渐变

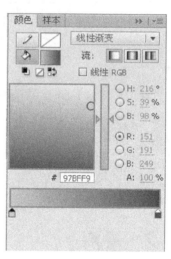
图 5-21　大海线性渐变

（4）选项"选择"工具，删除边线轮廓。

步骤 2　将背景转换为图形元件

（1）对于绘制出的天空和海面，选择"修改"→"转换为元件"命令，弹出"转换为元件"对话框，如图 5-22 所示。在"名称"文本框中输入"背景"，在"类型"下拉列表中选择"图形"选项。

图 5-22　"转换为元件"对话框

（2）单击"确定"按钮，将所绘图形轮换为图形元件，效果如图 5-23 所示。

图 5-23 将背景转换成图形元件的效果图

步骤 3　新建图形元件

（1）选择"插入"→"新建元件"命令，弹出"创建新元件"对话框，如图 5-24 所示。在"名称"文本框中输入"云 1"，在"类型"下拉列表中选择"图形"选项，单击"确定"按钮。

（2）选择"铅笔"工具，把工具箱最下端的模式改成平滑模式 ，在"属性"面板中设置线条的颜色为黑色，笔触为 1，样式为实线。然后在场景中按住鼠标左键，绘制出如图 5-25 所示的云朵轮廓。

（3）选择"颜料桶"工具，将云朵填充为"#68D1FD"、Alpha 值为 0%的颜色和"#FFFFFF"色的线性渐变色，如图 5-26 所示。

（4）删除轮廓边线，在时间轴上单击"场景 1"标签，返回主场景。

图 5-24　新建"云 1"图形元件

图 5-25　云朵轮廓

图 5-26　绘制白云

步骤 4　从库中复制实例到场景中

（1）用同样的方法绘制"云 2"和"云 3"图形元件。

（2）选择"窗口"→"库"命令，打开"库"面板，如图 5-27 所示。在其中选择"云 1"图形元件并按住鼠标左键，将其拖动到场景 1 中。

（3）用相同的方法拖动"云 2"和"云 3"图形元件到场景中。

步骤5 创建"船"和"海鸥"图形元件

（1）创建"船"图形元件，用"铅笔"工具绘制出帆船的轮廓，用"颜料桶"工具填充颜色，如图 5-28 所示。

（2）创建"海鸥"图形元件，选择"铅笔"工具，笔触颜色设置为白色，绘制出如图 5-29 所示的海鸥图形。

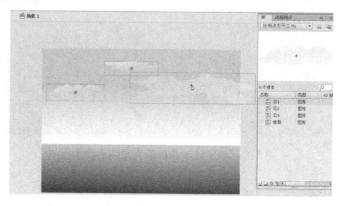

图 5-27　把库中元件拖到场景中

图 5-28　船　　　　　　　　　　　　图 5-29　海鸥

步骤6 测试"看海"动画并保存

（1）单击"场景 1"标签，返回主场景，在"库"面板中分别拖动"船"和"海鸥"图形元件到场景中若干个实例。

（2）按 Ctrl+Enter 组合键，打开测试动画窗口，如图 5-30 所示，测试"看海.swf"动画。

（3）按 Ctrl+S 组合键保存文件。

图 5-30　测试"看海"动画

###

1.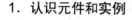

（1）在 Flash 动画中，我们将多次重复使用的图形或动画片段设置为元件，存入 Flash 的"库"中，需要时再把元件从"库"中拖动到场景中若干实例，从而减小动画文件的大小，适合网络带宽受限情况下流畅播放。

（2）需要说明的是，实例是放在场景中元件的副本，实例可以与其父元件在颜色、大小和功能方面有差别。当编辑元件时，会更新它的所有实例。

2. 元件类型

每个元件都有一个唯一的时间轴和舞台及几个图层，可以将帧、关键帧和图层添加至元件时间轴，就像将它们添加到主时间轴一样。

元件可以分为图形元件 、影片剪辑元件 和按钮元件 3 种类型。各元件类型的含义如下。

- **图形元件**：图形元件通常用于存入静态的对象，在动画中也可以包含其他元件，但用户不能为图形元件添加声音，也不能为图形元件的实例添加脚本动作。
- **影片剪辑元件**：使用影片剪辑元件可以创建一个独立的动画。在影片剪辑元件中，用户可以为其声音创建补间动画，也可以为其创建的实例添加脚本动作。
- **按钮元件**：用于在影片中创建对鼠标事件响应的互动按钮。用户不可以为按钮元件创建补间动画，但用户可以将影片剪辑元件的实例运用到按钮元件中，以填补其缺陷。

3. 创建元件

- **菜单方式**：选择"插入"→"新建元件"命令，弹出"创建新元件"对话框，如图 5-24 所示。
- **快捷方式**：按 Ctrl+F8 组合键，也可以弹出"创建新元件"对话框。

创建好的元件会自动存放在"库"中。

4. 编辑元件

- 在舞台上双击元件实例，进入编辑元件模式。
- 在库中双击元件，也可以进入编辑元件模式。

5. 建立实例

创建实例时，用户只需在"库"面板中选择元件，如图 5-27 所示，按住鼠标左键不放，将其直接拖动至场景中，释放鼠标左键即可创建实例。

6. 将图形对象转换为元件

对于已经绘制好的图形对象，我们可以转换成元件。

- **菜单方式**：先选中图形对象，然后选择"修改"→"转换为元件"命令，弹出"转换为元件"对话框，如图 5-22 所示。
- **快捷方式**：先选中图形对象，然后按 F8 键，也可以弹出"转换为元件"对话框。

任务总结

通过本任务的学习，使用绘制工具和填充工具完成大海、蓝天、海鸥、帆船等对象的绘制，并将它们创建为图形元件保存到库中，同时我们也学会了从库中拖动元件到场景中的多个实例以组合成一幅美丽的风景画。

多媒体制作

试一试

打开"寻找家乡的天鹅.fla"文件,完成"天鹅"动画,测试后如图 5-31 所示。

图 5-31 测试"天鹅"动画

课后习题 16

(1) 说出元件和实例的关系。
(2) 在 Flash CS6 中有哪 3 种元件类型?
(3) 如何创建新元件?如何将绘制好的对象转换成元件?

任务 3 THANKS

学习内容

(1) 创建元件。
(2) 添加滤镜-模糊特效。
(3) 修改元件透明度。
(4) 创建帧帧动画。
(5) 整理库文件。
(6) 添加动作脚本。

任务描述

首先通过导入一组序列图片完成"谢谢"连贯动作组成的影片剪辑元件,然后对其属性加以修改,完成影片剪辑元件的另一实例"影子"的逼真效果。

输入文字"THANKS"的图形元件,通过分散图层和关键帧的重设操作,完成打字效果。

难点要点分析

任务要点是创建"手势"影片剪辑元件和"THANKS"图形元件。难点是区别影片剪辑元件和图形元件的不同之处。

第 5 章 制作动画

操作步骤

步骤 1　导入多个位图

（1）选择"文件"→"新建文件"命令，打开"新建文档"对话框，如图 5-32 所示，设置文档大小为 550×400 像素，帧频为 18fps，背景颜色为"#999966"。

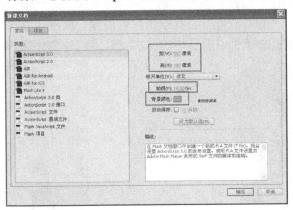

图 5-32　新建文件

（2）按 Ctrl+R 组合键，在弹出的"导入到库"对话框中，打开"人"文件夹，按 Shift 键选中所有素材，单击"打开"按钮，完成序列图片的导入任务。

步骤 2　创建"手势"影片剪辑元件

（1）按 F8 键，弹出"创建新元件"对话框，如图 5-33 所示。在"名称"文本框中输入"手势"，在"类型"下拉列表中选择"影片剪辑"选项，单击"确定"按钮。

（2）首先在"手势"影片剪辑元件的图层 1 中绘制一条直线，作为水平线，主要是辅助每帧图像对齐。因为有 31 张位图，所以在第 31 帧处按 F5 键，如图 5-34 所示。

（3）新建图层 2，按 Shift 键选中 1～31 帧后按 F6 键，然后将"库"中图片拖动到每个帧处。

图 5-33　创建"手势"影片剪辑元件

图 5-34　创建帧帧动画

（4）选中图层 1，单击时间轴上的"删除"按钮，删除图层 1。

步骤 3 整理库文件并布置图层

（1）按 F11 键打开"库"面板，单击"库"面板中的"新建文件夹"按钮 ，把序列图片全选后，拖动到文件夹中，如图 5-35 所示。

（2）单击"场景 1"标签，返回主场景。从"库"面板中拖动"手势"影片剪辑元件到场景中，将图层重命名为"人"图层。

（3）单击时间轴上的"新建"按钮 ，新建两个图层，命名为"线"和"线框"，用"矩形"工具绘制黑色框，用"铅笔"工具绘制白色曲线，如图 5-36 所示。

（4）按住 Shift 键连续选择 3 个图层中的第 31 帧，按 F5 键添加帧。

图 5-35 整理库文件

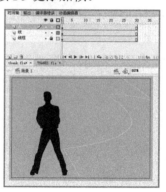

图 5-36 设置图层

步骤 4 设置"影子"实例的属性

（1）新建图层，从"库"面板中拖动"手势"影片剪辑元件到场景中，将新图层重命名为"人影"图层。

（2）选择"任意变形"工具 ，将影子变形，如图 5-37 所示。

（3）选中影子，按 F3 键打开"属性"面板，设置色彩效果中的 Alpha 的值为 37%，展开滤镜，单击"新建"按钮，新建模糊特效，并设置模糊值为 10，如图 5-38 所示。

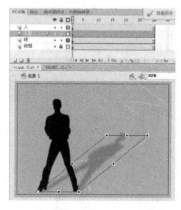

图 5-37 创建"影子"图层

图 5-38 设置影子属性

步骤 5 创建文字动画

（1）用"文字"工具 输入文字"THANKS"，打开"属性"面板，如图 5-39 所示，设置文字的字体为 Bernard MT Condensed，大小为 38，字母间距为 2，字的颜色为

"#6B6B6B" Alpha 为 50%。

（2）按 F8 键，将文字转换成"谢谢"图形元件，如图 5-40 所示。

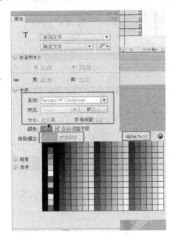

图 5-39　设置文字属性　　　　　　　　图 5-40　转换为"谢谢"图形元件

（3）双击文字，进入"谢谢"图形元件的编辑状态。选择"THANKS"文字，按 Ctrl+B 键分离文字，然后右击，在弹出的快捷菜单中选择"分散到图层"命令，将分离的文字分散到如图 5-41 所示的图层上。

（4）用"选择"工具将 H，A，N，K，S 处的关键帧依次拖动到相应图层中的第 5、10、15、20、25 帧处，如图 5-42 所示，并按住 Shift 键选择多个图层中的第 25 帧，按 F5 键添加帧。按 Enter 键测试文字的动画效果。

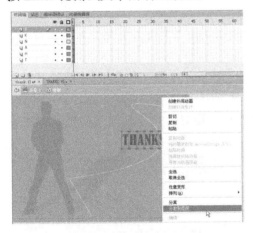
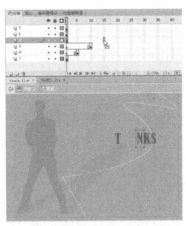

图 5-41　文字分散到图层　　　　　　　图 5-42　设置文字帧帧动画

（5）单击"场景 1"标签，返回主场景。选中文字，按 F3 键打开图形元件的"属性"面板，如图 5-43 所示。设置选项为播放一次，第一帧为 1。

步骤 6　创建动作脚本

新建"动作"图层，选中第 30 帧，按 F6 键，添加空白关键帧，如图 5-44 所示，按 F9 键，打开"动作"面板，输入"stop()"。

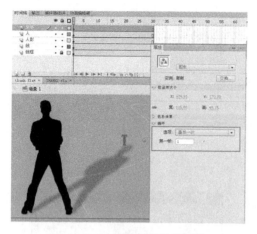

图 5-43 设置图形元件的属性

图 5-44 添加动作命令

步骤 7 测试"THANKS"动画并保存文件

（1）按 Ctrl+Enter 组合键，打开测试动画窗口，如图 5-45 所示，测试"THANKS.swf"动画。

（2）按 Ctrl+S 组合键保存文件。

知识链接

Flash 动画是通过时间轴上对帧的顺序播放，实现各帧中舞台实例的变化而产生动画效果，动画的播放快慢是由帧控制的。

1."时间轴"面板

（1）Flash 有主时间轴，如图 5-46 所示，另外图形元件和影片剪辑元件各自有自己的时间轴，所以制作动画时要注意在哪个时间轴上。

（2）图层区，可以实现图层的新建，删除，重命名操作，还可以控制图层的各种状态，如隐藏、锁定等。

（3）时间轴区，主要包括帧、标尺、播放指针和按钮等。帧是制作 Flash 动画的重要元素，可以添加帧 、关键帧 和空白关键帧 。

图 5-45 测试"THANKS.swf"动画

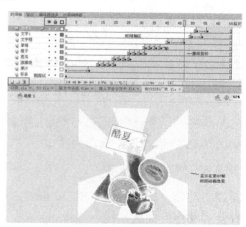

图 5-46 时间轴

2. 帧、关键帧和空白关键帧

- **帧**：又称普通帧，一般处于关键帧的后面，其作用是延长关键帧中动画的播放时间。
- **关键帧**：在时间轴上以实心圆表示。前后两个关键帧的大小、位置、颜色和透明度发生改变，都会产生相应的动画。
- **空白关键帧**：在时间轴上以空心圆表示，表示该关键帧中没有任何内容。

3. 帧的基本操作

- **选择帧和帧列**：按住 Shift 键不放，分别选择连续帧中的第 1 帧和最后一帧即可；若要选择不连续的多个帧，只需按住 Ctrl 键不放，然后依次单击要选择的帧即可。
- **插入帧**：任意选取一个帧位，按 F5 键可以插入帧。按 F6 键可以插入关键帧。按 F7 键可以插入空白关键帧。
- **复制帧**：选择要复制的帧，然后按 Alt 键将其拖动到复制的位置即可。
- **移动帧**：选择要移动的帧，按住鼠标左键不放，将其拖到要移动到的位置即可。
- **删除帧**：选择要删除的帧，右击，在弹出的快捷菜单中选择"删除帧"命令。
- **清除关键帧**：可以将选择的关键帧转化为普通帧。选择要清除的关键帧，右击，在弹出的快捷菜单中选择"清除关键帧"命令。

4. Flash 的基本动画类型

- **逐帧动画**：通常由多个连续关键帧组成，通过连续表现关键帧中的对象，从而产生动画效果。
- **补间形状动画**：参考任务 4 的知识链接。
- **传统补间动画**：参考任务 4 的知识链接。
- **补间动画**：参考任务 8 的知识链接。

任务总结

本任务学习了帧帧动画技术。我们把导入的序列图片制作成独立于时间轴的影片剪辑元件，并设置影片剪辑元件生成实例的滤镜属性。把文字制作成打字效果的图形元件，并设置图形元件生成实例的循环属性。

另外，我们为主时间轴图层中的帧添加动作脚本，按要求控制帧帧动画效果。

试一试

制作"白鸽"动画，测试后如图 5-47 所示。

图 5-47 测试"白鸽"动画

课后习题 17

（1）进一步熟悉影片剪辑元件和图形元件制作出的实例属性。
（2）进一步练习同一图层和不同图层制作帧动画的创作技术。
（3）熟练掌握帧、关键帧和空白关键帧的相关操作。

任务 4 表情帝

 学习内容

（1）按钮元件的创建。
（2）制作按钮特效。

 任务描述

在有些多媒体课件或者是 Flash 动态网站中，会用按钮元件设计导航特效。在本任务中，我们要学习创建按钮元件，并使用按钮元件制作互动特效。

 难点要点分析

本任务的要点是学会创建按钮元件，难点是理解按钮中图层的关系，并掌握复杂按钮特效的制作方法。

 操作步骤

步骤 1 建立按钮元件

打开"表情.fla"文档，按 Ctrl+F8 键新建"表扬"按钮元件如图 5-48 所示，同时打开了按钮元件的编辑状态，按钮元件的时间轴上只有与鼠标相关的"弹起"、"指针经过"、"按下"、"点击"4 个状态。如图 5-49 所示。

步骤 2 编辑按钮元件

（1）按住 Shift 键把 4 个状态的帧全选，按 F6 键插入关键帧。
（2）按 F11 键，打开"库"面板，选中"弹起"帧，把"1"元件拖动到场景，选中"指针经过"帧，把"2"元件拖动到场景，选中"按下"帧，把"3"元件拖动到场景，选中"点击"帧，把"3"元件拖动到场景。

提示

可以按下绘图纸外观按钮，将 3 个帧中的对象对齐。

(3)新建图层,重命名为"文字"。选中"指针经过"帧,选择"文字"工具,输入"你好帅哥!",如图 5-50 所示。

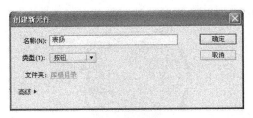

图 5-48 新建"表扬"按钮元件

图 5-49 4 个状态

图 5-50 编辑按钮元件

步骤 3 复制按钮元件

(1)在"库"面板中选中"表扬"元件,右击,在弹出的快捷菜单中选择"直接复制"命令,生成一个元件副本,重命名为"诋毁"。

(2)双击"诋毁"按钮元件,进入编辑状态,选中文字帧,把文字修改成"他一点都不帅!"。

步骤 4 制作主时间轴动画

(1)单击"场景 1"标签,返回主场景。从"库"面板中拖动"表扬"和"诋毁"影片剪辑元件到场景中,将图层重命名为"按钮"图层。

(2)单击时间轴上的"新建"按钮,新建一个图层,重命名为"帅哥"。

(3)把"4"元件拖到第 1 帧,选中第 15 帧,按 F6 键插入关键帧。

(4)把第 1 帧中的实例往上移出舞台,然后选中第 1 帧,右击,在弹出的快捷菜单中选择"创建传统补间"命令,产生一个下落的动画效果。

(5)选中 1~15 帧,按 F3 键打开帧"属性"面板,设置补间的旋转为顺时针 1 圈,如图 5-51 所示。

(6)选中第 16 帧,按 F7 键插入空白关键帧,把"5"元件拖到场景中。

(7)选中第 17 帧,按 F7 键插入空白关键帧,把"6"元件拖到场景中。

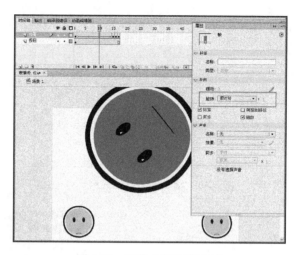

图 5-51 制作主时间轴动画

步骤 5　添加动作脚本

（1）选中"帅哥"层中的第 15 帧，按 F9 键打开"动作"面板，输入"stop()"。依照第 15 帧的方法将第 16 帧和第 17 帧添加动作脚本。

（2）选中场景中右边的按钮实例，按 F9 键打开"动作"面板，输入以下内容，如图 5-52 所示。

```
on(release){
    gotoAndplay(16);
}
```

（3）选中场景中左边的按钮实例，按 F9 键打开"动作"面板，将图 5-52 中的数字"16"改成数字"17"。

步骤 6　测试"表情帝"动画并保存文件

（1）按 Ctrl+Enter 组合键，打开测试动画窗口，如图 5-53 所示，测试"表情帝.swf"动画。

（2）单击左边按钮和右边按钮，观察鼠标交互效果。

（3）按 Ctrl+S 组合键保存文件。

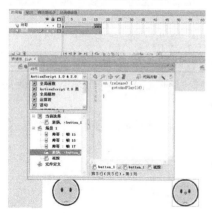

图 5-52　动作脚本

图 5-53　测试"表情帝"动画

知识链接

1. 传统补间动画

（1）传统补间动画是根据同一对象在两个关键帧中的位置、大小、Alpha 和旋转等属性的变化，由 Flash 计算自动生成的一种动画类型，如图 5-54 所示。它的结果帧中的图形与开始帧中的图形密切相关。

（2）成功的传统补间动画带有黑色箭头和浅蓝色背景，起始关键帧处是黑色圆点。

（3）不成功的传统补间动画用虚线表示，表示断开或不完整的动画。

2. 补间形状动画

（1）补间形状动画是通过 Flash 计算两个关键帧中矢量图形的形状差异，并在关键帧中自动添加变化过程的一种动画类型。

（2）补间形状动画带有黑色箭头和淡绿色背景的起始关键帧处的黑色圆点，如图 5-55 所示。

（3）不成功的补间形状动画也用虚线表示，表示断开或不完整的动画。

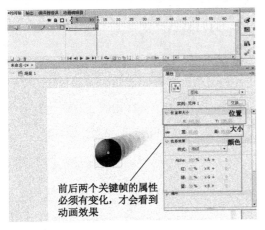
图 5-54 传统补间动画

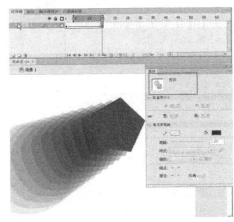
图 5-55 补间形状动画

3. 按钮元件

（1）按钮元件是一种特殊形式的元件，包含 4 帧信息，每帧信息都代表着按钮的一种状态，它们分别是"弹起"、"指针经过"、"按下"、"点击"4 个状态。当鼠标指针移动到按钮处或者用户单击该按钮时，按钮将做出的反应都与这 4 种状态的设置有关。

- "弹起"是指在没有单击按钮时的状态。
- "指针经过"是指鼠标指针经过按钮时按钮的状态。
- "按下"是指单击按钮时的状态。
- "点击"在制作隐形按钮时使用。

（2）按钮的时间轴中，可以新建多图层，以完成更美观的任务。

（3）还可以在按钮的时间轴的"弹起"、"指针经过"、"按下"中放入"图形"元件、"影片剪辑"元件，这样当鼠标处于某种状态时可以产生动画效果。

任务总结

在本任务中,我们学习了创建按钮元件的方法,并且通过实例学习了如何制作按钮特效,这些特效能够在同学们制作多媒体课件的时候如虎添翼。只是在创建按钮的时候一定要弄清楚按钮元件各个图层的设置,其实本任务中的按钮就是一个嵌套了图层的元件。

试一试

制作"手控转盘"按钮动画,测试后如图 5-56 所示。

图 5-56 测试"手控转盘"按钮动画

课后习题 18

尝试制作有跳跃感的按钮,同时使其具有颜色的变化。

任务 5 走迷宫

学习内容

(1)显示网格,并编辑网格。
(2)创建引导线图层。
(3)创建补间动画。

任务描述

在 Flash 软件提供网格的基础上,使用"铅笔"工具轻松地绘制迷宫图,然后通过引导线动画技术,让一粒弹子从迷宫的入口顺利跑到出口。

难点要点分析

本任务的要点是认识网格,难点是引导线动画技术。

操作步骤

步骤 1 编辑网格

(1)选择"文件"→"新建文件"命令,弹出"新建文档"对话框,如图 5-57 所示,设置文档的大小为 400×300 像素，背景颜色为"#FF6633"。

（2）选择"视图"→"网格"→"显示网络"命令显示网格。

（3）选择"视图"→"网格"→"编辑网格"命令，在弹出的"网格"对话框中，分别设置行宽和行高均为"10 像素"，如图 5-58 所示，单击"确定"按钮关闭此对话框。

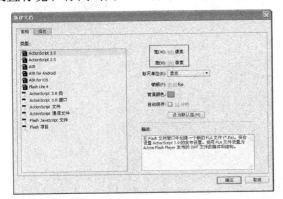

图 5-57　新建文件

图 5-58　显示网格

（4）选择"视图"→"贴紧"→"贴紧至网格"命令。

步骤 2　绘制迷宫图

（1）将图层 1 重命名为"迷宫图"。

（2）选择"线条"工具，设置笔触高度为 2.75，笔触颜色为"#0033CC"，在场景中绘制出贴紧网格的迷宫图，如图 5-59 所示。

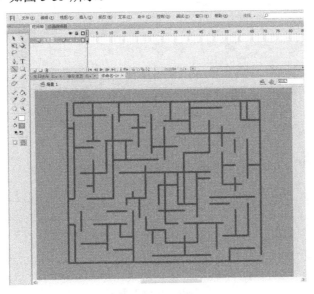

图 5-59　迷宫图

步骤 3　新建引导图层

（1）锁定"迷宫图"图层，新建图层 2，并重命名为"角色"。

（2）在场景中绘制一个如图 5-60 所示的径向渐变无轮廓的球，并转换为图形元件"角色"。

（3）通过工具箱中的"任意变形工具"  调整球的大小为 7 像素，能够让球在迷宫空隙中跑动，如图 5-61 所示。

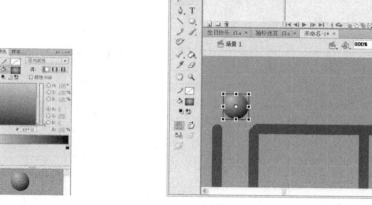

图 5-60　转换为图形元件"角色"　　　　图 5-61　调整球的大小

（4）选择"视图"→"网格"→"编辑网格"命令，在弹出的"网格"对话框中分别设置行宽和行高均为 5 像素，单击"确定"按钮关闭对话框。

（5）新建引导图层，选择"线条"工具，设置笔触颜色为白色，在场景中绘制出如图 5-62 所示的正确走出迷宫的引导线。

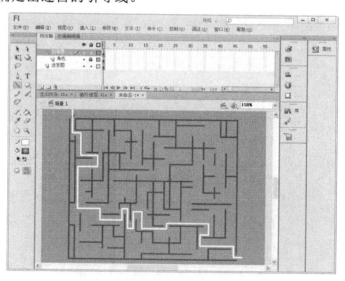

图 5-62　新建引导层

步骤 4　创建补间动画

（1）分别在"迷宫图"图层和引导图层的第 45 帧处按 F5 键插入帧。

（2）在"角色"图层的第 1 帧处将角色元件拖动到起点处的引导线上，在第 45 帧处按 F6 键插入关键帧，将角色元件拖动到终点的引导线上，在第 1 帧处创建补间动画，如图 5-63 所示。

图 5-63 制作引导层动画

提示

单击工具箱中的"贴紧至对象"按钮,可以将元件拖动吸附到引导线上。

(3)按 Ctrl+Enter 组合键测试动画,如图 5-64 所示。按 Ctrl+S 组合键保存文件。

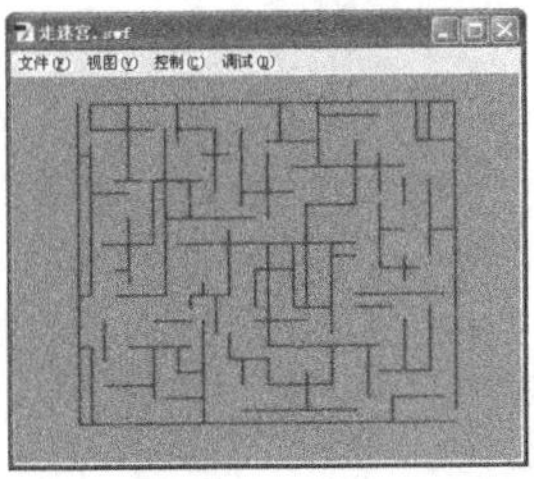

知识链接

1. 引导图层动画

(1)运动引导层通过绘制路径,可以使实例、组或文本块沿着这些路径运动。

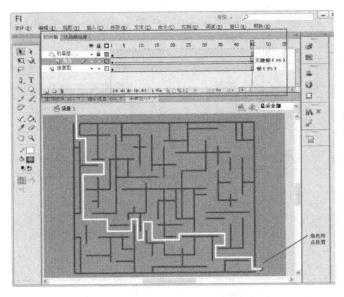

图 5-64 测试"走迷宫"动画

(2)可以将多个层链接到一个运动引导层,使多个对象沿同一条路径运动。

(3)链接到运动引导层的常规层称为引导层。

(4)引导动画必须具备两个条件:一是路径,二是在路径上运动的对象。一条路径上可以有多个对象运动,引导路径都是一些静态线条,且在起点和终点(不能是封闭的图形),在播放动画时不会显示路径线条。

2. 传统运动引导层可以引导多图层

(1)在图层 1 中输入文本"我是一只小小鸟",为图层 1 添加"添加传统运动引导层",用"铅笔"工具绘制一条波浪线。

(2)在场景中选择文本,按 Ctrl+B 组合键分离文字为单个对象,右击,在弹出的快捷菜单中选择"分散到图层"命令,将文字对象分散到各个图层,如图 5-65 所示。

(3)在运动引导层的第 16 帧按 F5 键插入帧。按住 Shift 键,选中每个文字图层的第 16 帧处,按 F6 键插入关键帧,分别为文字对象图层创建传统补间。

（4）在第 1 帧处分别将文字对象拖动到引导线的右端紧贴。在第 40 帧处将对象放置到引导线的左端紧贴。按 Enter 键预览动画，如图 5-66 所示。

（5）文字移动速度比较快时，可以调整时间轴中的帧频为 10 fps。

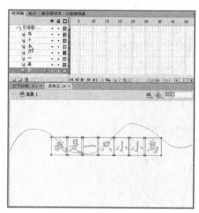

图 5-65　将文字对象分散到图层

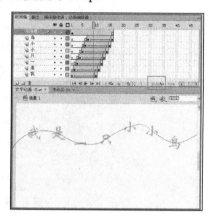

图 5-66　多个引导层动画

任务总结

通过本任务的学习，我们知道网格对于绘制图像有很大帮助。掌握引导线图层动画是实现曲线动画的重要技术。

试一试

打开"麦田.fla"，通过本任务所学的引导线动画技术，添加飞絮动画效果。测试动画效果如图 5-67 所示。

图 5-67　测试"麦田飞絮.fla"动画

课后习题 19

（1）思考在生活中哪些自然现象运动轨迹是曲线？

（2）运动引导层里有多条开放的曲线，可否实现对多个引导层对象的引导效果？如果可以，在"麦田"中试一试。

任务 6　欣赏中国卷轴画

学习内容

（1）轴图形的绘制。
（2）遮罩图层的应用。
（3）创建补间动画。
（4）设置动画缓动值。

任务描述

通过图层的遮罩动画技术，把一幅古色古香的中国画缓缓展开，动画令人大开眼界。

难点要点分析

本任务的要点是绘制画轴，设置补间动画缓动值，难点是图层的遮罩动画技术。

操作步骤

步骤 1　导入位图，调整大小并对齐舞台

（1）选择"文件"→"新建文件"命令，设置文档的大小为 744×346 像素，背景颜色为白色。将图层 1 重命名为"国画"，按 Ctrl+R 组合键，将素材文件夹中的"水墨画.jpg"导入舞台，并调整图像的大小，如图 5-68 所示。

（2）按 Ctrl+K 组合键打开"对齐"面板，勾选"与舞台对齐"复选框，让图片在舞台的中心位置，如图 5-69 所示，在第 75 帧处按 F5 键创建帧。

（3）按 F8 键将图片转换为"画"图形元件，如图 5-70 所示。

图 5-68　导入水墨画

图 5-69　"对齐"面板

图 5-70　转换成"画"图形元件

步骤 2　创建遮罩层动画

（1）新建一个图层，重命名为"矩形"。在场景中间位置绘制一个高度超过"画"元件的矩形。

（2）在"矩形"图层的第 30 帧，按 F6 键添加关键帧。选中第 1 帧，右击，在弹出的快捷菜单中选择"创建补间形状"命令。

（3）选中"矩形"文字，右击，在弹出的快捷菜单中选择"遮罩层"命令，如图 5-71 所示。

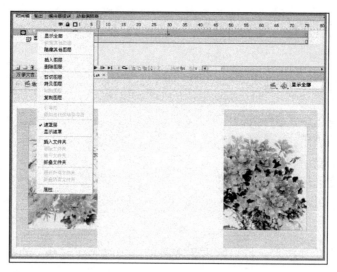

图 5-71 设置遮罩动画图层

提示

在创建补间形状动画时,需要注意前后两个帧中的对象必须是矢量图。

步骤 3　创建轴动画

(1)新建一个图层,重命名图层为"左轴",在场景中间位置绘制矩形,并将其转换为"轴"图形元件,如图 5-72 所示。

(2)返回场景 1,新建一个图层,重命名图层为"右轴",按 F11 键打开"库"面板,把"轴"图形元件拖动到舞台上。

(3)选中"左轴"和"右轴"的第 30 帧,按 F6 键添加关键帧。选中第 1 帧,右击,在弹出的快捷菜单中选择"创建传统补间"命令,如图 5-73 所示。

图 5-72　轴　　　　　　　　　　　图 5-73　动画中间效果

步骤 4　改变动画速度和画卷展示时间

（1）同时选中"绘制"、"左轴"和"右轴"的第 1 帧，在"属性"面板中设置缓动参数为 100，如图 5-74 所示。

（2）同时选中"绘制"、"左轴"和"右轴"的第 75 帧，按 F5 键添加帧，延长展示时间，如图 5-75 所示。

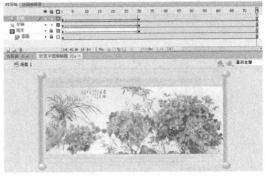

图 5-74　改变运动速度　　　　　　　图 5-75　延长展示时间

步骤 5　测试动画并保存文件

按 Ctrl+S 组合键保存文件，按 Ctrl+Enter 组合键预览动画，效果如图 5-76 所示。

图 5-76　测试"欣赏中国卷轴画"动画

知识链接

1．遮罩图层动画

（1）创建遮罩层。

选择用于遮罩的图层，右击，在弹出的快捷菜单中选择"遮罩"命令，将图层转换为遮罩层。紧贴它下面的图层将链接到遮罩层，其内容会透过遮罩上的填充区域显示出来。

（2）遮住其他的图层。

通过以下方式可以将常规图层转为被遮罩图层。

- 将现有的图层拖到遮罩层下面。
- 在遮罩层下面的任意地方创建一个新图层。
- 在"图层属性"对话框中选择图层类型为"被遮罩"。

(3)使遮罩层中的形状、对象或图形实例动起来。

选择时间轴中的遮罩层,若要解除对遮罩层的锁定,可单击"锁定"列,再执行下列操作之一。
- 如果遮罩为填充形状,可对该对象应用形状动画,如图 5-77 所示。
- 如果遮罩是对象类型或图形元件实例,可对该对象应用补间动画,如图 5-78 所示。

图 5-77　在遮罩层中应用形状动画

图 5-78　在遮罩层中应用补间动画

完成了动画操作后,单击遮罩层的"锁定"列,锁定该项图层。

(4)让被遮罩层上的元件动起来。

选择时间轴中的被遮罩层,单击"锁定"列,解除锁定。下面的实例以文字作为遮罩层,需要按 Ctrl+B 组合键两次,方可实现矢量形状效果。被遮罩层是运动补间动画。"锁定"图层后的效果如图 5-79 所示。

试一试

制作"万事大吉"动画,测试后如图 5-80 所示。

图 5-79　文字遮罩层

图 5-80　测试"万事大吉"动画

任务总结

通过本任务,我们学习了图层的遮罩动画技术,进一步掌握了形状动画和补间动画在图层中的灵活应用，从而实现更多的动画效果。

课后习题 20

（1）请简述遮罩层和被遮罩层的位置关系。
（2）使用遮罩效果制作一个用望远镜看风景的动画。

任务 7　蝴蝶点水

学习内容

（1）导入位图。
（2）应用补间制作动画效果。
（3）创建逐帧动画。
（4）创建引导动画。

任务描述

Flash 动画技术大多需要多种类型的动画技术合成，蝴蝶停止时会不停扇翅膀，在空中飞时要按曲线轨迹飞，另外蝴蝶停落在水面上，水面会产生水波。这样蝴蝶点水动画才会自然。

本任务需要我们运用前面所学的知识点：绘制复杂的图形，创建元件，制作蝴蝶飞动的帧帧动画和水波的渐变形成动画，另外将引导线动画和补间动画技术综合运用。

难点要点分析

本任务的要点是蝴蝶飞翔姿态和水波的产生，难点是整体动画细节的把握。

操作步骤

步骤 1　导入位图并新建"水"图形元件

（1）新建文件，设置颜色为蓝色。将图层 1 重命名为"荷塘"，按 Ctrl+R 组合键，将"荷塘.jpg"导入舞台，并调整图像的大小和位置，在第 120 帧处按 F5 键创建帧，如图 5-81 所示。

（2）按 Ctrl+F8 组合键，新建"水"图形元件，绘制如图 5-82 所示的椭圆图形，并填充颜色为"#009966"，设置 Alpha 的值为 0，颜色为"#FFFFF9"，Alpha 的值为 100%，颜色为"#009966"，Alpha 值为 0 的放射状填充色。

步骤 2　新建"水波"影片剪辑元件

（1）按 Ctrl+F8 组合键，新建"水波"影片剪辑元件，按 F11 快捷键，从"库"面板中拖入元件"水"到场景中，在第 40 帧处插入关键帧，并将实例"水"放大，在第 1 帧处创建补间动画，在第 74 帧处插入帧。

（2）选择图层 1 的所有帧，右击，在弹出的快捷菜单中选择"复制帧"命令。新建图层

2,在第 4 帧处右击,在弹出的快捷菜单中选择"粘贴帧"命令,复制帧到图层 2。

图 5-81　导入场景图形

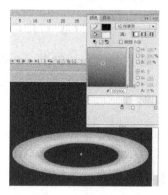

图 5-82　"水"图形元件

(3)新建图层 3,用与第(2)步相同的方法复制帧到图层 3,时间轴如图 5-83 所示。

步骤 3　新建"会动的蝴蝶"影片剪辑元件

(1)新建"会动的蝴蝶"影片剪辑元件,绘制一个如图 5-84 所示的蝴蝶图形,并按 F8 键将其转换为"蝴蝶"图形元件。

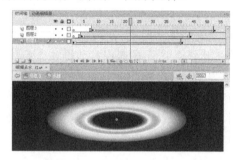

图 5-83　"水波"影片剪辑元件

图 5-84　绘制"蝴蝶"图形元件

提示

蝴蝶形状的绘制是比较难的,我们需要多练习才行。我们只需绘制一个翅膀,然后再通过按 Ctrl+T 键打开"变形"面板复制另一个翅膀,操作步骤如图 5-85 所示。

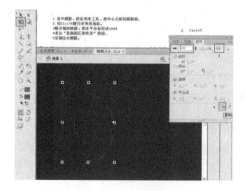

图 5-85　绘制"蝴蝶"翅膀

（2）按住 Ctrl 键，分别选中第 2、4、5、6、10、15 帧和第 16 帧，然后按 F6 键插入关键帧，再对关键帧处的蝴蝶图形的大小进行适当的调整，在第 25 帧处按 F5 键插入帧。

（3）分别在第 2、6 和第 10 帧处创建补间动画，时间轴如图 5-86 所示。

步骤 4　创建蝴蝶起飞和停止的动画

（1）返回主场景，新建两个图层，分别命名为"水波"和"蝴蝶"，将"水波"元件插入到"水波"图层的第 50 帧处。"蝴蝶"元件拖动到"蝴蝶"图层的第 1 帧处。

（2）在"蝴蝶"图层上面新建引导图层，绘制出蝴蝶飞行的引导线并锁定图层。

（3）选中实例"蝴蝶"，在第 1 帧处创建补间动画，在第 50 帧处插入关键帧，鼠标指针放在 1～50 帧处，在"属性"面板中勾选"调整到路径"和"缩放"复选框。制作过程如图 5-87 所示。

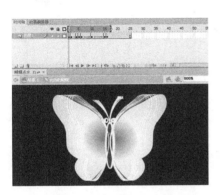

图 5-86　创建"会动的蝴蝶"影片剪辑元件

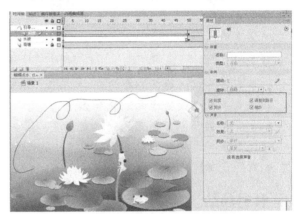

图 5-87　创建蝴蝶飞动的引导动画

步骤 5　保存文件并预览动画

按 Ctrl+S 组合键保存文件，按 Ctrl+Enter 组合键预览动画，效果如图 5-88 所示。

知识链接

1．编辑图形工具

（1）"选择"工具。

"选择"工具用于对图形进行选择和拖动，通过选择和拖动，可以对矢量图形或对象进行删除、移动、变形等操作。

图 5-88　测试"蝴蝶点水"动画

- 选择对象，然后按 Delete 键，删除对象。
- 选择对象，按住鼠标左键拖动，当光标变成 时可移动对象。
- 选择对象，按住 Alt 键的同时按住鼠标左键拖动，当光标变成 时可复制对象。
- 直接将光标移动到矢量色块边沿或矢量线上，当光标变成 时按住鼠标左键拖动，可以使其变形，如图 5-89 所示。

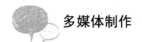

(2)"部分选择"工具。

"部分选择"工具用于调整矢量图形上的锚点,可以通过锚点和控制点来调整图形。

(3)"任意变形"工具。

"任意变形"工具可以对选中的图形进行旋转、倾斜、缩放、翻转、扭曲和封套等操作,如图 5-90 所示。

(4)"渐变变形"工具。

"渐变变形"工具用于调整渐变颜色的位置和形状。用"渐变变形"工具选择渐变色块,出现渐变色调节框,调节框包括一些控制手柄,如图 5-91 所示,其功能如下。

图 5-89 "选择"工具

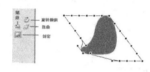

图 5-90 "任意变形"工具

图 5-91 "渐变变形"工具

- 中心点手柄:更改渐变色的中心点。
- 焦点手柄:改变径向渐变的焦点。
- 宽度手柄:调整渐变色的填充宽度。
- 大小手柄:调整渐变色的填充大小。
- 旋转手柄:调整渐变色的填充角度。

任务总结

通过本任务的学习,我们能够使用绘图工具和变形工具完成复杂图形的绘制。另外,我们把"蝴蝶"和"水波"动画制作得惟妙惟肖,综合运用前面所学的动画技术。在制作过程中我们要把重点放在细节的把握上,动画才能更加漂亮!

试一试

打开素材文件夹中的"广告源文件.fla",制作"冰凉广告"动画,测试后如图 5-92 所示。

图 5-92 测试"冰凉广告"动画

课后习题 21

运用前面所学动画技术,自做一个照片宣传册。

任务 8 直升飞机

学习内容

(1) 创建补间动画。
(2) 导入音频文件。
(3) 编辑声音封套。
(4) 设置声音属性。

任务描述

在直升飞机螺旋桨发出声音时,直升飞机拔地而起,在高空转圈后穿越云层飞往远处。

难点要点分析

本任务的要点是音频的技术处理,难点是补间动画技术。

操作步骤

步骤 1 把库的元件拖动到舞台

(1) 打开"飞机.fla"文件,新建两个图层,并重命名为"云 1"和"云 2",按 F11 键打开"库"面板,把"云 1"和"云 2"图片分别拖动到相应的图层中。

(2) 在两层的第 111 帧,按 F5 键,延长播放时间。

(3) 为了制造飞机在云中飞行的效果,我们把"云 1"图层移动到"飞机"图层的下面,如图 5-93 所示。

步骤 2 制作飞机飞行效果

(1) 选中"飞机"图层的第 1 帧,右击,在弹出的快捷菜单中选择"创建补间动画"命令。

(2) 选中第 20 帧,把"飞机"实例上移;选中第 34 帧,把"飞机"实例水平翻转;选中第 65 帧,再把"飞机"实例水平左移一点;最后选中第 105 帧,把"飞机"实例右移出画面,如图 5-94 所示。

步骤 3 导入声音

(1) 新建图层,并重命名为"声音"图层,按 Ctrl+R 组合键,导入声音文件"wong.wav"。

(2) 按 F11 键,打开"库"面板,将"wong.wav"拖入到场景中,如图 5-95 所示。

图 5-93　把库中元件拖动到舞台

图 5-94　制作"飞机"实例飞行效果

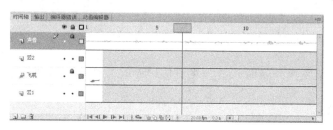
图 5-95　导入声音

步骤 4　编辑声音

（1）在"声音"图层中单击第 1 帧，在"属性"面板中单击"编辑"按钮，弹出"编辑封套"对话框。

（2）单击"缩小"按钮 ，缩小波形图。

（3）将光标定位到封套线上并单击，分别添加几个封套手柄，拖动封套手柄，调整封套样式，将封套线调整为如图 5-96 所示的效果，单击"确定"按钮。

步骤 5　测试动画并保存文件。

按 Ctrl+Enter 组合键测试动画，如图 5-97 所示。按 Ctrl+S 组合键保存文件。

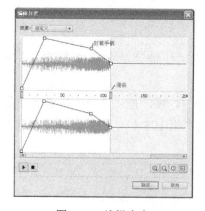
图 5-96　编辑声音

图 5-97　测试"直升飞机"动画

知识链接

1．补间动画

（1）补间动画是通过为一个帧中的对象属性指定一个值并为另一个帧中的相同属性指定另一个值创建的动画。创建补间动画的对象类型包括影片剪辑、图形、按钮元件及文本字段。

（2）创建补间动画需要注意以下两点。

- 补间中的最小构造块是补间范围，它只能包含一个元件实例。
- 更改补间对象的位置和路径的形状。

（3）创建补间动画。

- 选中时间轴中的帧，右击，在弹出的快捷菜单中选择"创建补间动画"命令，将播放头放在要移动的目标实例所在的帧中，使用"选择"工具将目标实例拖到舞台上的新位置。

- 将光标移动到路径上，按住鼠标左键拖动，更改路径的形状或者在运动路径线端点处单击添加控制手柄，然后拖动控制手柄更改曲线形状。

（4）完成的补间动画是一段具有蓝色背景的帧，如图 5-98 所示。范围的第一帧中的黑点表示补间范围分配有目标对象。黑色菱形表示最后一个帧和任何其他属性关键帧。

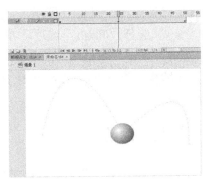

图 5-98　创建补间动画

2．Flash 中的声音类型

（1）Flash 中有两种声音类型，即事件声音和音频流。

- 事件声音必须完全下载后才能开始播放，除非明确停止，否则它将一直连续播放。
- 音频流在前几帧下载了足够的数据后就开始播放；音频流要与时间轴同步，以便在网站上播放。

（2）支持的声音文件格式。

Flash 中的声音文件格式主要有 MAV、MP3，而且声音采样比率为 11kHz、22kHz 或 44kHz 的 8 位或 16 位的声音可导入。

（3）导入声音。

- 可以使用库将声音添加至文档，也可以在运行时使用 Sound 对象的 loadSound 方法将声音加载至 SWF 文件。
- 保存在库中的声音与位图和元件类似，也可以创建多个实例。
- Flash 可以在主场景、图形、影片剪辑和按钮元件中使用声音。

（4）设置声音与动画同步。

人的走路声需要将声音与动画同步，这需要进行相应设置，其方法如下。

导入声音到文档中，并在时间轴中添加声音，在声音图层要停止播放声音处插入关键帧，选择该帧，在"属性"面板的"声音"选项组中的"名称"下拉列表中选择同一声音，在"同步"下拉列表中选择"停止"选项。播放 SWF 文件时，声音会在结束关键帧处停止播放。

（5）在"编辑封套"中编辑声音。

- 裁剪声音：在标尺处拖动滑条，如图 5-96 所示，改变声音开始播放和停止播放的位置。
- 更改音量：在音频波段处单击添加几个封套手柄，如图 5-96 所示，分别调整手柄的位置，控制声音播放时音量的大小。

（6）压缩并导出声音。

① 选择"文件"→"发布设置"命令，弹出"发布设置"对话框，如图 5-99 所示。

② 选择"Flash"选项，单击"音频事件"选项组中的"设置"按钮，弹出"声音设置"对话框，如图 5-99 所示，设置压缩格式为 MP3，比特率为 16kbps，品质为"快速"，单击"确定"按钮。

图 5-99 设置发布参数

任务总结

通过本任务的学习，我们掌握了基础动画中的补间动画技术，同时还为动画中添加音效，使我们更加充分地体验到 Flash 动画的魔力。

试一试

打开素材文件夹中的"生日.fla"，制作"生日贺卡"有声动画，测试后如图 5-100 所示。

图 5-100 测试"生日贺卡"动画

课后习题 22

（1）输入相关文字，利用补间动画技术实现简单的文字介绍。

（2）通过录音设备录一段时间，为任务 7 添加画外音。

第 6 章

多媒体制作软件 Authorware 7.0

在各种多媒体应用软件的开发中，Macromedia 公司推出的多媒体制作软件 Authorware 是不可多得的开发工具之一。它使不具有编程能力的用户也能够创作出一些高水平的多媒体作品。Authorware 被广泛应用于多媒体教学和商业领域，可以制作各种多媒体产品，如多媒体演示系统、多媒体教学课件、多媒体电子图书系统、多媒体交互式教学系统、多媒体模拟培训系统、多媒体数据库和网页等。通过学习本章中的内容，我们将领略 Authorware 的通俗性、实用性和技巧性。

任务 1 初识 Authorware 7.0

 学习内容

（1）Authorware 7.0 的启动与退出。
（2）认识 Authorware 7.0 的工作界面。

任务描述

欢迎进入 Authorware 世界。Authorware 是一种基于设计图标和流程线结构的程序制作软件。它不需要编写程序，仅使用一些工具图标和流程线就能制作出非常优秀的多媒体作品。本任务旨在熟悉 Authorware 7.0 工作界面的组成及各部分的功能。

 难点要点分析

本任务的要点是熟悉 Authorware 7.0 工作界面的组成及各部分的功能。

多媒体制作

步骤 1　Authorware 7.0 的启动与退出

（1）启动 Authorware 7.0，如图 6-1 所示。界面出现后在"新建"对话框中单击"不选"按钮，如图 6-2 所示。

进入 Authorware 使用界面。Authorware 的用户设计界面主要包括菜单栏、常用工具栏、图标工具栏、流程设计窗口和"知识对象"对话框等，如图 6-3 所示。

图 6-1　使用任务栏启动 Authorware 7.0　　　　图 6-2　Authorware 的"新建"对话框

（2）退出 Authorware 7.0 时，可单击标题栏上的"关闭"按钮。

（3）保存文件。在退出 Authorware 之前要保存文件，如果忘记保存，系统会给出提示，如图 6-4 所示。

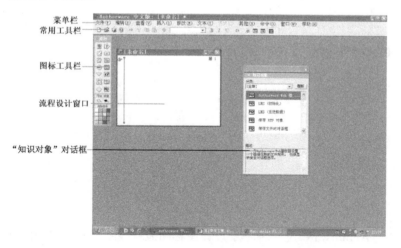

图 6-3　Authorware 7.0 的窗口设置　　　　　　图 6-4　保存提示对话框

> **提示**
>
> 保存 Authorware 程序时，要建立一个独立的程序文件夹，将程序保存在该文件夹下，并将与程序相关的素材保存在该文件夹下不同的子目录中。这样既便于程序的管理和维护，也便于作品的发布。

步骤 2　Authorware 7.0 的工作界面

（1）菜单栏包含了文件操作、编辑、窗口设置、运行控制等一系列的命令和选项，如图 6-5 所示。

图 6-5　菜单栏

（2）常用工具栏把一些常用的命令以按钮的形式组织在一起，使用户直接单击按钮就可以实现想要进行的操作，如图 6-6 所示。

图 6-6　常用工具栏

（3）图标工具栏是 Authorware 特有的工具栏，它提供了进行多媒体创作的基本单元——图标，每个图标都有丰富而独特的作用，如图 6-7 所示。

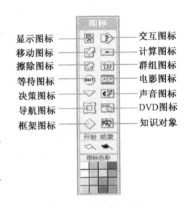

图 6-7　图标工具栏

- ：显示图标，它是 Authorware 中最重要、最基本的图标，显示文字、图形、静态图像等，也可用来显示变量、函数值的即时变化。
- ：移动图标，与显示图标相配合，可制作出简单的二维动画效果。
- ：擦除图标，擦除选定图标中的文字、图片、声音和动画等。
- ：等待图标，使程序暂停，直到设计者设置的条件得到满足为止。
- ：导航图标，其作用是控制程序从一个图标跳转到另一个图标去执行，常与框架图标配合使用。
- ：框架图标，建立页面系统、超文本和超媒体。
- ：交互图标，提供用户响应，实现人机交互。
- ：计算图标，计算函数、变量、表达式的值及编写 Authorware 的命令程序，以辅助程序的运行。
- ：群组图标，是一个特殊的逻辑功能图标，其作用是将一部分程序图标组合起来，实现模块化子程序的设计。
- ：电影图标，加载和播放外部各种不同格式的动画和影片。
- ：声音图标，加载和播放音乐及录制的各种外部声音文件。
- ：DVD 图标，控制计算机外接视频设备的播放。
- ：决策图标，按照设置方式确定流程到底沿着哪个分支执行。
- ：知识对象对话框，提供了一些参数化的程序模块，可以像图标一样直接引入到程序流程中，方便了程序的设计。
- ：开始旗，设置调试程序的开始位置。
- ：结束旗，设置调试程序的结束位置。

- ：图标调色板，给图标着色，以便区分不同用途的图标，便于阅读程序。

（4）流程设计窗口是进行 Authorware 程序设计的基本操作窗口。在这个窗口中可以看到如下内容：各种图标、程序的开始点和结束点、主流程线和分支流向及粘贴手，如图 6-8 所示。
- 开始点：整个 Authorware 程序的开始处。
- 主流程线：程序的主要流向线。
- 分支流向：主流程线以外的流向线。
- 粘贴手：利用剪贴板粘贴图标时，用来指明粘贴的位置。
- 结束点：整个 Authorware 程序的结束处。

（5）"知识对象"对话框为用户提供了所有的知识对象，可供程序设计调用。调用知识对象的方法有 3 种：一是选择"窗口"→"面板"→"知识对象"命令，二是单击常用工具栏上的"知识对象"按钮；三是按 Ctrl+Shift+K 组合键，如图 6-9 所示。从该对话框中可以用鼠标直接拖曳某个"知识对象"到设计窗口流程线上。当然用户可以创建自己的知识对象并把它加入到"知识对象"对话框中，以完成某些交互功能，不必每次都重复复杂的设计工作，从而最大限度地提高设计效率。

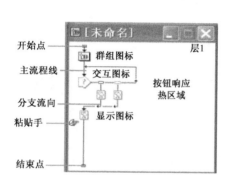
图 6-8　流程设计窗口

图 6-9　"知识对象"对话框

知识链接

1．Authorware 的特点

（1）面向对象的可视化编程。这是 Authorware 区别于其他软件的一大特色，它提供直观的图标流程控制界面，设计程序时，利用 Authorware 提供的 14 个设计图标，把这些图标依次放在设计窗口的主流程线上，就可以实现整个应用系统的制作，从而改变了传统的编程方式，用鼠标对图标的拖曳来替代复杂的编程语言。

（2）多样化的交互响应方式。Authorware 有 11 种交互响应方式可供选择，进行程序设计时，只须选定交互作用方式，完成对话框设置即可实现交互。程序运行时，可通过响应对程序流程进行控制。此外相关的函数、变量可以使开发者最大限度地发挥 Authorware 的潜在功能。

（3）丰富的媒体素材的使用方法。Authorware 具有一定的绘图功能，能方便地编辑各种图形，能多样化地处理文字。Authorware 为多媒体作品制作提供了集成环境，能直接使用其他软件制作的文字、图形、图像、声音和数字电影等多媒体信息。其对多媒体素材文件的保存提供了 3 种方式，即保存在 Authorware 内部文件中、保存在库文件中和保存在外部文件中，以链接或直接调用的方式使用，还可以按指定的 URL 地址进行访问。

（4）可直接在屏幕上编辑对象。在演示过程中，当用户想修改其中的某个对象时，只要双击该对象，Authorware 立即进入对该对象的编辑状态。

（5）强大的数据处理能力。利用系统提供的丰富的函数和变量来实现对用户的响应，允许用户自定义变量和函数。

（6）不断扩充的知识对象。Authorware 自带 49 种知识对象，并允许用户创建更多的知识对象，这一功能简化了程序的开发过程。

（7）强化网络支持功能。用户可以很容易地将作品分段和压缩，做成 HTML 文件发布到网络上。

Authorware 是具有强大功能的多媒体制作软件，利用 Authorware 完善的功能，只要肯下工夫，任何人都可以成为出色的多媒体制作大师。

 任务总结

Authorware 是一个功能强大、简单易用的多媒体创作工具。Authorware 的用户设计界面由菜单栏、常用工具栏、图标工具栏和流程设计窗口和"知识对象"对话框等部分组成，程序的设计是利用图标工具栏中的功能图标来实现的。

任务 2　创作"仰望美丽星空"

 学习内容

（1）认识显示图标的属性。
（2）显示图标文字工具的使用。
（3）引用外部图像并设置图像属性。
（4）设置显示过渡效果。
（5）理解图像显示模式的概念。
（6）了解暂停图标的属性及应用。
（7）理解擦除图标的属性及应用。

 任务描述

你有没有观察过夜晚的太空？我们对太空了解得很少，今天通过一组图片的演示，让我们看到美丽的太空星云，领略到太空的迷人而神秘。通过本任务的学习，应掌握外部图片的引用、图片大小的调整及图片属性的调整；文本的应用及编辑；过渡效果和图标层次的概念和设置方式；利用等待图标按照设计者的要求响应某种交互控制；淡入淡出的擦除过渡效果的设置。

多媒体制作

 难点要点分析

本任务制作"仰望美丽太空"文件完成上述学习内容，可以从网络中搜集相关的太空图片和音乐素材，合理设计内容表现形式，因为是初始学习，我们以一种安静的气氛表现内容，特效的内容以简洁为主，使之能与整体的清淡风格相适应。本任务的要点是显示过渡效果和图标层次的合理设置，难点是使用擦除过渡效果会使画面在切换时有一定的间隔时间，这在某种情况下会影响到程序画面的快速切换和连贯效果。

 操作步骤

步骤 1　图片的导入和文字的输入

（1）运行 Authorware 7.0 程序，进入设计界面，程序会自动进入一个未命名的新文件。移动鼠标指针到图标工具栏的显示图标上，按住鼠标左键，拖曳图标到流程线上，则该图标被放到了流程线上，并命名为"背景图片"，如图 6-10 所示。

（2）双击"背景图片"显示图标，弹出一个空白的"演示窗口"对话框，这就是 Authorware 程序运行的舞台，如图 6-11 所示。

图 6-10　拖曳一个显示图标到流程线上

图 6-11　显示图标的"演示窗口"对话框

（3）导入图片。选择"文件"→"导入和导出"→"导入媒体"命令，弹出"导入哪个文件"对话框，如图 6-12 所示。选中所需图片后，单击"导入"按钮，如图 6-12 所示。

（4）图片大小的调整。插入背景图片后，我们注意到图片在对话框中没有完全显示，如图 6-13 所示。如果要将图片完整显示，双击图片，弹出"属性：图像"对话框，如图 6-14 所示。选择"版面布局"选项卡，在"显示"下拉列表中选择"比例"选项，在"位置"的"X"、"Y"文本框中均输入

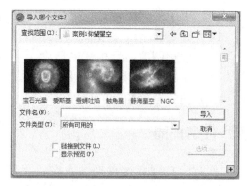

图 6-12　"导入哪个文件"对话框

0。在"大小"文本框中分别输入 640、480，如图 6-15 所示，将导入的图片完整显示，也可以在窗口内直接双击图片拖动修改。完整显示背景图片的效果如图 6-16 所示。

第 6 章 多媒体制作软件 Authorware 7.0

图 6-13 导入一个图片文件

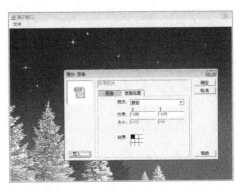

图 6-14 "属性：图像"对话框

图 6-15 设置"图像"属性对话框

图 6-16 完整显示背景图片效果

> **提示**
>
> 注意，在图的下方有一个"链接到文件"复选框，若勾选，可建立与外部图像文件的链接，图像并不插入到此文件中，当此外部文件被更新后，将把更新内容反映到此程序中。

（5）文本的输入与编辑。在流程线上拖入第 2 个显示图标，命名为"仰望美丽星空"，如图 6-17 所示。双击该显示图标，弹出一个绘图工具箱对话框，选择"文本"工具即会出现文本编辑标尺，如图 6-18 所示。闪烁的光标指示文字的起始位置，现在可以直接输入文字。

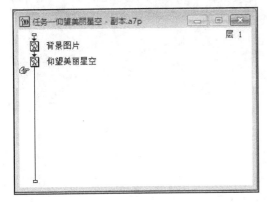

图 6-17 流程线窗口

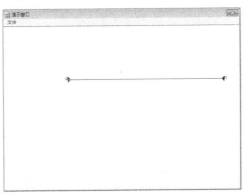

图 6-18 文本编辑标尺

输入文本后,选择图 6-20 中的"色彩"选项组内"文字与线条颜色"图标 的色彩区域,打开调色板,选择所需的文字颜色,如图 6-21 所示。然后根据广告的特点设计标题,选择"文本"→"字体"命令和"大小"命令对其进行适当的调整,如图 6-21 所示。

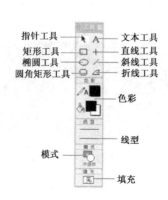

图 6-19　绘图工具箱

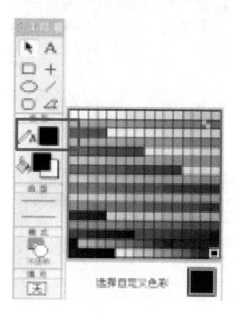

图 6-20　调色板

步骤 2　显示模式的选择

(1)当多个图片互相叠盖时,我们常常需要对它们进行一定的设置,或遮盖,或透明,从而达到需要的效果,这种设置要用显示模式来进行。展示封面上的文字未调整前的效果如图 6-22 所示。双击绘图工具箱中的"选择/移动"工具,在"模式"下拉列表中选择"透明"选项,调整后的效果如图 6-23 所示。

图 6-21　任务标题

图 6-22　未调整前的效果

(2)为了突出演示效果(如图 6-24 所示的流程线图),运用相同的方法完成其他图片的设定。"宝石光晕-爱斯基摩星云"如图 6-25 所示,"蚕蛹吐焰-触角星系"如图 6-26 所示,"窥视-沙漏星云"如图 6-27 所示,"太空天池-南环星云"如图 6-28 所示,"无与伦比的宇宙宝石"如图 6-29 所示,"烟花似锦-太空气泡"如图 6-30 所示。

图 6-23 调整后的效果

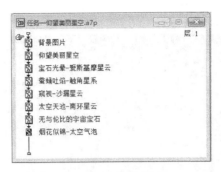

图 6-24 流程线图

控制程序运行的方法有 4 种：一是使用"控制"菜单中的命令；二是单击工具栏中的 按钮启动控制面板，利用其中的控制按钮控制程序；三是利用快捷键，运行命令可按 Ctrl+R 组合键，暂停命令可按 Ctrl+P 组合键；四是利用小键盘区（右侧数字区）上的数字键（关闭 NumLock 键的情况下），"1"是从头运行，"2"是暂停，"3"是继续，"0"是终止。对于规模较大的程序，往往需要使用起始标志旗和终止标志旗逐段调试，以便查找和排除程序故障。

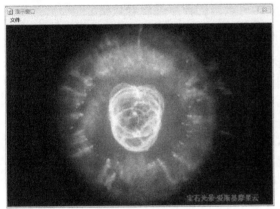

图 6-25 宝石光晕-爱斯基摩星云

图 6-26 蚕蛹吐焰-触角星系

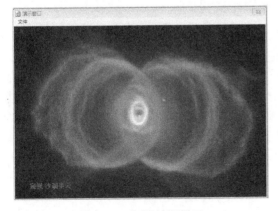

图 6-27 窥视-沙漏星云

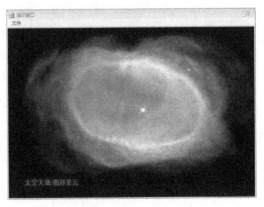

图 6-28 太空天池-南环星云

图6-29 无与伦比的宇宙宝石

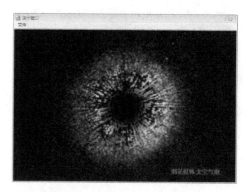
图6-30 烟花似锦-太空气泡

运行后,会发现多个图片重叠在一起,并且播放时间非常短暂,根本无法看清楚。那么如何将这些信息清晰、有序地展示出来呢?这就需要在适当的时候将程序暂停,以展示所要表达的内容,待演示完毕后继续执行程序,清除旧的内容,显示新的信息。这些工作可以使用等待图标和擦除图标来完成。

至此,任务中所需要的画面效果已制作完成,可以运行程序来观看效果。

步骤3 应用等待图标使程序暂停,从而清晰地演示文件的展示内容

(1)拖曳等待图标到流程线上的"仰望美丽星空"和"宝石光晕-爱斯基摩星云"图标之间,当程序执行到它时,流程暂停,然后按用户要求继续向下执行,弹出"属性:等待图标[1]"对话框,如图6-31所示。

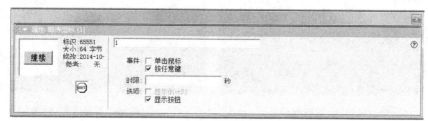

图6-31 "属性:等待图标[1]"对话框

在"事件"选项中有"单击鼠标"、"按任意键"和"显示按钮"3种可供勾选的复选框,勾选"单击鼠标"复选框,则在暂停后单击屏幕,流程才会继续向下运行。

勾选"按任意键"复选框,则在暂停后按任意键,流程会继续向下运行。

在"时限"文本框中可以输入等待的时间,程序执行到等待图标时会暂停,直到超过设定的时间,程序再往下执行。如果已经勾选"单击鼠标"和"按任意键"复选框,那么在设定的时间截止之前单击或按任意键,程序再往下运行。

勾选"显示按钮"复选框,将显示一个等待按钮,单击此按钮,程序再往下执行。

提示

如果勾选"单击鼠标"或"按任意键"复选框,而没有勾选"显示按钮"复选框,则最好在屏幕上增加提示信息,告诉使用者应单击或按任意键,程序才能继续运行。

（2）在此流程中，勾选"单击鼠标"复选框，时限设置为 2 秒，单击或者 2 秒以后程序自动继续执行，如图 6-32 所示。

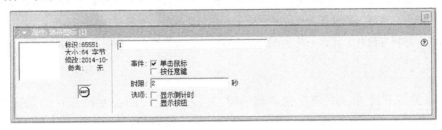

图 6-32　属性设置

（3）通过复制和粘贴的办法，在余下几个显示图标之间分别插入 5 个等待图标，如图 6-33 所示。这样做的好处是，复制的 5 个等待图标的设置和第一个等待图标一样，省去不必要的重复操作。当然也可以在工具箱上拖入新的等待图标，设置好属性。

继续运行程序，已经可以看到几张图片先后出现了，但这个程序还有缺陷，就是先前显示的内容没有被后面的遮盖，而仍然留在了屏幕上。要使图片消失就要引入擦除图标。

图 6-33　流程线

步骤 4　用擦除图标擦除已经显示的任何图标的内容

（1）擦除图标可以更好地指定擦除对象并设置擦除效果。可拖曳一个擦除图标放在显示图标"宝石光晕-爱斯基摩星云"的上方，选取擦除图标，弹出"属性：擦除图标[擦除 1]"对话框，如图 6-34 所示。根据"点击要擦除的对象"提示，单击展示窗口中的图标对象（背景图片和仰望美丽星空文字），所选图标对象将被擦除，同时，在"点击要擦除的对象"列表框中将显示擦掉的图标名称，如图 6-35 所示。

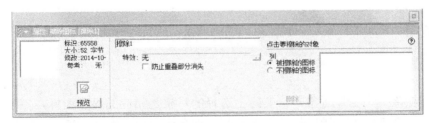

图 6-34　"属性：擦除图标[擦除 1]"对话框

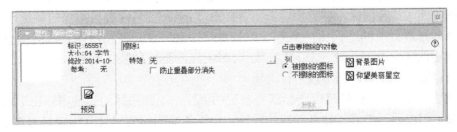

图 6-35　擦除设置

多媒体制作

> **提示**
>
> 当擦除一个图标时，该图标中的所有内容都将被擦除。如果只希望擦除其中的一个对象，只有将它单独放在一个显示图标中，这样，此对象会作为一个独立的对象显示在"演示窗口"对话框。
>
> 选择擦除内容图标有两种方式，一是单击被擦除的对象，二是拖曳被擦除图标到擦除图标上。

（2）擦除图标不仅可以用来擦除"演示窗口"对话框中的显示对象，而且在擦除的同时可设置丰富的擦除效果。Authorware 7.0 内置 71 种过渡效果，还可通过引入外部插件，使用更多过渡特效。打开图 6-35 所示的对话框，单击特效框右侧的 按钮，弹出"擦除模式"对话框，如图 6-36 所示。

在对话框中的"分类"列表框中有多种特效模式可供选择，在右边的"特效"列表框中显示对应的过渡效果，要预览显示效果，可单击"应用"按钮。

在"周期"文本框中可输入擦除效果持续的时间，单位是秒。

在"平滑"文本框中可输入 0～128 之间的整数，这些整数代表过渡效果的光滑度，值越大越粗糙，0 表示最光滑的过渡过程。

在"影响"选项组中设有两个选项范围，若选择前者，过渡效果影响的是整个窗口，选择后者只会影响擦除对象的区域。

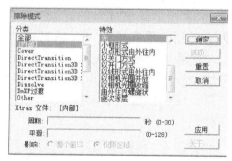

图 6-36 "擦除模式"对话框

> **提示**
>
> 设置过渡效果是针对图标对象，也就是说一个图标只能有一种过渡效果，如果希望两个对象有不同的过渡，那只有把它们放在不同的图标中。

以上设置由于增加了特效，会有一定的动感效果，欣赏起来也会赏心悦目。

知识链接

（1）选择擦除某个图片对象时，实际上选择的对象是相应的显示图标，擦除图标将擦除该显示图标中的全部内容。所以如果想擦除某一部分内容而保留另一部分内容，就不要将它们放在同一个显示图标中。另外，对擦除对象的选择还提供了另外一种方式，那就是"除选择的图标保留外，其余图标内容均擦除"，这种方式对于有较多内容要擦除的情况比较方便。

（2）擦除过渡效果的选择比较简单，但是需要注意的是，使用擦除过渡效果会使画面在切换时有一定的间隔时间，这在某种情况下会影响程序画面的快速切换和连贯效果。因此，要合理使用擦除过渡效果，而不应盲目滥用。

（3）虽然 Authorware 的每个图标都有自己的属性，不同图标的属性内容也不相同，但是许多属性都是相似的。理解了显示图标的属性，对于其他图标的属性就比较好理解了。

任务总结

在本任务中,主要学习了如何正确理解图标属性的概念,掌握过渡效果的设置方式,同时也学习了运用等待图标能够使程序在需要的地方暂停,以及运用擦除图标擦除程序运行中不再需要的内容。

试一试

(1) 练习使用多种过渡效果来表现图片。

(2) 擦除一个旧的画面后,在显示新的内容前,屏幕上会出现短暂的空白。以任务1程序为例,说明应如何调整。

课后习题 23

1. 填空题

(1) Authorware 的用户设计界面主要包括_____、_____、_____、_____和_____等部分。

(2) 图像的显示模式有_____、_____、_____、_____、_____和_____6种。

(3) 等待图标可以有_____、_____和_____等运行控制方式。

(4) 擦除图标可以有_____和_____两种选择擦除对象的方式。

2. 简答题

(1) 如何调整过渡效果的持续时间和平滑度?

(2) 利用等待图标能否实现利用特定的按键来控制程序运行?

任务 3 家乡小屋

学习内容

(1) 用绘图工具箱绘制图形并设置图形样式。
(2) 理解图像显示模式的概念。
(3) 输入文字,设置文字风格。

任务描述

家乡是每个人心里的原乡,家乡的小屋和从烟筒中冒出的缕缕炊烟,给人一种温馨的感觉,小屋前的灯笼,照亮归乡之路。制作"家乡小屋"项目,目的是介绍绘图工具箱的使用,通过使用其中的工具图标,绘制出多种图形。本任务将引领同学们进行简单的绘图工作。

多媒体制作

难点要点分析

本任务的要点是安排好显示的顺序。设计一个程序时，首先要完成总体设计方案。在这个实训中，认真观察效果图，安排好显示顺序。可以把所有的内容安排在一个显示图标中，但是这不是一个好的想法，合理的设计应方便程序的调试。本任务的难点为"心"的画法。

操作步骤

步骤 1　使用绘图工具箱进行设计

（1）新建文件，保存为"家乡小屋.a7p"。

（2）选择"修改"→"文件"→"属性"命令，弹出"属性：文件"对话框，设置大小为"根据变量"，勾选"屏幕居中"复选框，如图 6-37 所示，单击"颜色"右边的"背景色"按钮，弹出"颜色"对话框，从中选择蓝色。

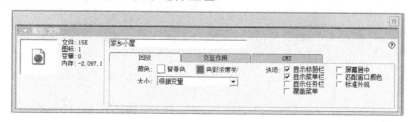

图 6-37　"属性：文件"对话框

（3）在程序设计窗口流程线上创建一个名称为"小屋"的显示图标。双击该图标，调出它的"演示窗口"对话框。为了使图像的位置和大小准确，可选择"查看"→"网络"命令，这时显示图标的"演示窗口"对话框内会出现均匀的网络，用来做定位参考。

（4）单击绘图工具箱中"色彩"选项组的"填充的前景色"图标，调出"颜色"工具盒，利用它设置填充的前景色为褐色。选择绘图工具箱中的"矩形"工具，在"演示窗口"对话框的下边拖曳鼠标，绘制一个褐色的矩形，表示大地图形。

（5）设置填充的前景色为浅褐色，使用绘图工具箱中的"矩形"工具，单击绘图工具箱中的"填充"选项组中的图标，调出"填充"工具盒。单击砖墙图案，在其"演示窗口"对话框内，绘制一个矩形，作为小房子的墙身。单击绘图工具箱中的"填充"选项组中的图标，调出"填充"工具盒。单击其中的鱼鳞图案，使用绘图工具箱中的"多边形"工具，单击房顶梯形的一个顶点，再单击下一个顶点，直到起点处后双击，绘制出房顶图形。

（6）使用绘图工具箱中的各种工具绘制小房子的门、窗户、烟筒的炊烟等。注意，设置线条颜色时，单击绘图工具箱中的"色彩"选项组中的"文字与线颜色"图标，调出"颜色"工具盒，利用它设置线条的颜色为蓝色；使用绘图工具箱中的"椭圆"工具，绘制圆形图标；使用"直线"工具，绘制直线。画好的小屋如图 6-38 所示。

第 6 章 多媒体制作软件 Authorware 7.0

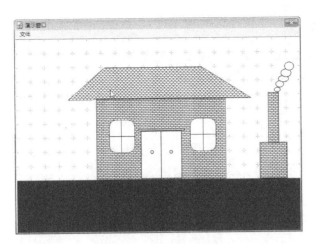

图 6-38 画好的小屋

步骤 2 "心形"效果图的画法

使用"矩形"工具，画出挂红灯笼的架子。使用绘图工具箱中的"多边形"工具图标绘制一个"心形"的多边形。绘制出灯笼的"心形"效果。完成多边形的制作后，通过调整控制点，使得"心形"看上去更加平滑。这一点也可以通过在制作时多设置几个控制点的方法来实现。单击工具栏中的"Copy"按钮，再在"演示窗口"对话框内粘贴一个相同的"心形"，这样就可避免重复制作复杂的图形。使用"选择"工具，调整复制产生的"心形"灯笼的位置，最后画出一根竖线，表示灯笼被挂在架子上。有了灯笼的小屋如图 6-39 所示。

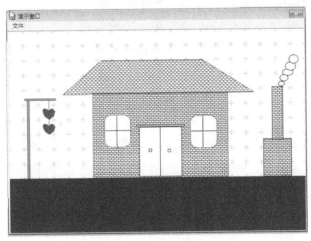

图 6-39 有了灯笼的小屋

提示

调节过程中需要注意，可以先使用绘图工具箱中的"选择"工具，将"心形"的形状放大，以便更好地调整它的形状。

在圆角矩形的左上角上有一个小方柄，它是用来对圆角的半径尺寸进行调节的，可以用鼠标拖曳它使圆角形状发生改变。

步骤3　文本的输入

在"演示窗口"对话框中使用绘图工具箱中的"文本"工具，输入"家乡小屋"几个字，并保存好程序文件，效果如图6-40所示。

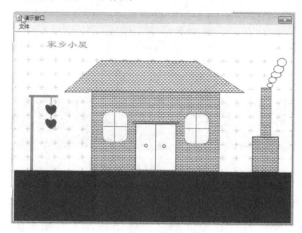

图6-40　效果图

 知识链接

Authorware 对图形预设了 32 种填充方式。其中，"无"是指不进行填充（图形是透明的），"纯白色块"是指用背景色均匀填充，"纯黑色块"是指用前景色均匀填充，其余则是用前景色在背景色上绘制各种花纹。可将图形填充理解为在一块裁剪好的彩色的布料上面绘制花纹，前景色相当于画笔的颜色，背景色则是布料的颜色。系统默认设置是不进行填充。

 任务总结

本任务主要学习绘图工具箱及其各个工具的使用，绘制图形并设置线型、颜色和填充模式等，其中文本的应用及编辑、图像显示模式的概念是任务 1 的继续，因为很重要，所以在此任务中再次补充，通过本任务的学习，大家可以制作出自己的作品。请大家一定要熟练掌握相关的操作。

试一试

（1）用绘图工具箱的绘图工具绘制如图 6-41 所示的运动场示意图。

图6-41　运动场示意图

> **提示**
> 注意图形的填充方式和前后遮盖关系，多与周围的同学相互交流。

（2）利用课余时间绘制自己的作品。

课后习题 24

（1）过渡效果对使用绘图工具箱绘制的图形（如直线、斜线、矩形和椭圆等）是否起作用？

（2）使用绘图工具箱的绘图工具绘制如图 6-42 所示的坐标图，注意使用不同的填充方式和色彩。

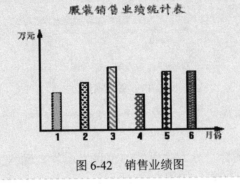

图 6-42　销售业绩图

任务 4　制作多媒体片头

学习内容

（1）掌握为程序添加声音和视频的方法。
（2）了解声音图标和电影图标的属性。
（3）掌握 GIF、Flash 及 QuickTime 动画的使用。
（4）了解变量和函数的概念和用法。
（5）了解计算图标和计算窗口。
（6）使用函数和变量控制程序。

任务描述

你喜欢漂亮的多媒体片头吗？不知道朋友们有没有这种感觉，观看一个作品最吸引人的是它的片头，而片头只有将精彩的电影片段、优美的音乐和神奇的动画联系在一起才能吸引人。本任务中，首先用显示图标和数字电影图标制作出精彩的片头 1，单击进入片头 2，利用 GIF 动画、电影片段、文字、变量和函数等，设计出丰富多彩、动感十足的程序界面。

难点要点分析

完成本任务，要点是通过属性设置控制声音播放的次数、速率及与程序的同步问题；通过添加同步分支的方法，在电影画面旁边添加同步字幕；难点是使用函数和变量控制程序。

操作步骤

步骤 1　制作多媒体片头 1

（1）打开 Authorware 程序设计窗口，将文件保存为"制作多媒体片头-副本"，文件属性如图 6-43 所示。

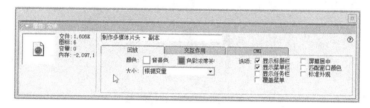

图 6-43　文件属性

（2）将群组图标拖曳到流程线上，命名为"片头 1"，双击打开群组图标，设置如图 6-44 所示。

（3）双击打开背景显示图标，导入"可爱的草莓"图片，输入文字"精彩瞬间"，选中文字和图片，然后选择"透明"模式，如图 6-45 所示。

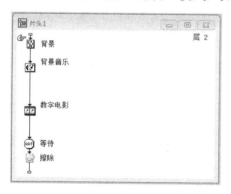

图 6-44　群组图标

图 6-45　背景图

步骤 2　为程序添加声音

利用声音图标可以播放声音文件，并且通过对图标属性的设置可以控制声音与程序同步。Authorware 的声音图标直接支持的声音文件格式主要有 AIFF、PCM、SWA、VOX、MP3 和 WAV 等，一般常用的是 WAV 和 MP3 文件。

拖曳声音图标到流程线上，命名为"背景音乐"。在"属性"面板中单击"导入"按钮，导入片头素材文件夹中的"背景音乐.mp3"如图 6-46 所示，执行方式设置为"同时"，如图 6-47 所示。

第 6 章 多媒体制作软件 Authorware 7.0

图 6-46 导入素材

图 6-47 设置执行方式

步骤 3　在程序中引用电影图标

（1）拖曳数字电影图标到流程线上，命名为"数字电影"。在"属性"面板上单击"导入"按钮，如图 6-48 所示。参数设置 6-49 所示。

"属性：电影图标[数字包影]"对话框中的 3 个选项卡中的主要内容如下。

- "电影"选项卡：主要提供了电影文件的一些信息。
- "计时"选项卡：提供了电影播放同步、起止位置及速率等属性。
- "版面布局"选项卡：包含了电影画面的位置及移动等属性。

（2）拖曳等待图标和擦除图标到流程线上，擦除"背景"图标和"数字电影"图标，完成片头 1 的制作。

图 6-48 导入素材

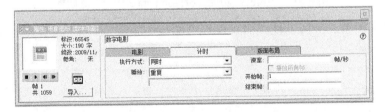

图 6-49 参数设置

> **提示**
>
> 内嵌式电影支持 FLC、FLI、CEL 和 PIC 等电影文件格式，外置式电影支持 DIR、AVI、MOV 和 MPEG 等电影文件格式。一般利用电影图标主要播放 FLC、AVI 和 MPEG 等格式的电影。

（3）拖曳群组图标到流程线上，命名为"片头 2"，并双击打开，用上述方法完成影片的设置，流程线如图 6-50 所示。

图 6-50　流程线

步骤 4　在程序中引用 GIF 动画

GIF 动画（.gif）是一种十分常见的动画格式，由多幅连续的画面构成，一般尺寸较小。GIF 动画有一个重要特点，就是它可以像静态图片一样可以透明显示，这是 AVI、FLC 和 MPEG 动画所不具备的。

（1）可选择"插入"→"媒体"命令进行 GIF 动画设置，如图 6-51 所示。

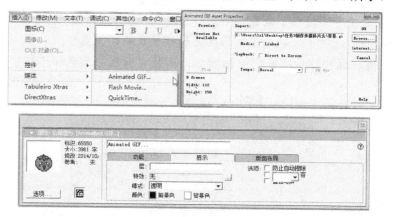

图 6-51　"属性：功能图标[Animate d DIF]"对话框

GIF 动画制作简单、应用方便，而且能够透明显示。

提示

GIF、Flash 和 QuickTime 等格式的动画，使用方法相同，都是采用插入媒体的方式。

Flash 动画是矢量动画，可以无级缩放，而且数据量小，非常适合多媒体作品的需要。

（2）拖入显示图标，命名为"文字"，如图 6-52 所示。将擦除图标拖到流程线上，由于"电影"图标的内容处于展示窗口的最上层，会遮盖住其他内容，所以要使用擦除图标擦除电影画面。

步骤 5 计算图标和函数的使用

函数用于完成特定的任务。Authorware 本身提供了大量的系统函数,可以实现对变量的处理、对程序流程的控制或者对文件的操作等功能,而且 Authorware 还支持从外部动态链接库中加载函数来完善和扩充自身的功能。

(1)拖曳群组图标到流程线上并命名为"小炮",双击打开群组图标,流程线如图 6-53 所示。

图 6-52 效果图

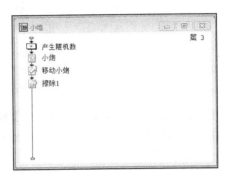

图 6-53 流程线

(2)拖曳计算图标到流程线上,命名为"产生随机数"。打开"产生随机数"窗口,输入相应语句,如图 6-54 所示。

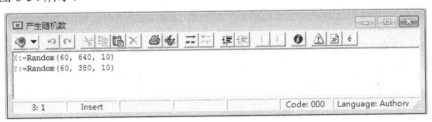

图 6-54 "产生随机数"窗口

系统函数 Random(min,max,units)表示在最小值"min"和最大值"max"之间随机取值,取值间隔为"units"。

(3)在显示图标"小炮"中导入图片。将移动图标拖到流程线上,属性设置如图 6-55 所示。

图 6-55 移动图标的属性设置

(4)利用擦除图标擦除显示图标"小炮"和显示图标"文字"中的内容。

(5)拖入两个计算图标,分别命名为"退出"和"重复",内容设置分别如图 6-56 和图 6-57 所示。

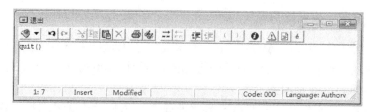

图 6-56 内容设置（一）

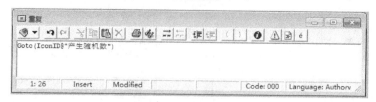

图 6-57 内容设置（二）

系统函数 Goto(IconID@"IconTitle")说明当 Authorware 遇到 Goto 语句时，它将跳到"IconTitle"中指定的图标继续执行。"IconTitle"指的是欲跳转的图标名。

（6）保存程序。

> **提示**
>
> 巧妙地使用系统变量和系统函数，可以为程序带来很大的灵活性。不必背熟这些变量和函数，可以在使用时从对话框中查找。

Authorware 之所以在各个领域得到了广泛使用，不仅因为它简便易用，提供了许多可以直接引用媒体的功能图标，而且因为它是一个功能强大的多媒体编程工具，具有大量的函数和变量，能够实现复杂的程序控制，使多媒体作品的"柔性"大大增强。可以说，掌握好这方面的知识就能够达到多媒体设计的较高境界。

知识链接

（1）电影是多媒体作品的一个重要表现形式。通常所说的电影包括计算机电影和数字视频两大类。从严格意义上讲，电影是指利用计算机软件（如 Animator、Flash 和 3ds Max 等）制作的二维或三维动态图像；而数字视频是指利用录像设备拍摄真实景象，然后用视频采集设备采集到计算机中的动态图像。虽然二者有所区别，但是在 Authorware 中使用的方法基本相同，因此常将其统称为电影。

（2）通常情况下，GIF 动画和 Flash 动画都是单纯的二维卡通动画，一般不涉及视频图像，但是在多媒体中又经常要用到视频图像。Authorware 电影图标直接支持的两种主要的视频文件格式为 AVI 和 MPEG，文件的数据量都比较大。QuickTime 动画（.mov）是由美国 Apple 公司发布的一种动画格式，它支持多种类型的文件，如数字视频、电影、声音和位图序列等，在视频领域得到了广泛应用。许多电影素材，特别是视频资料，都是以".mov"格式出现的。正是因为如此，Authorware 也提供了对 QuickTime 动画的支持，在使用 QuickTime 动画之前，必须在计算机中安装 QuickTime 软件，因为 Authorware 需要调用其驱动文件。

（3）Authorware 的电影图标能够使用的电影文件按存放类型可分为两种：内嵌式电影和

外置式电影。内嵌式电影直接装载到 Authorware 文件中，执行速度快，可以使用擦除过渡效果，但会增加可执行文件的大小。在作品发布时不需要再包括这些电影文件。外置式电影将电影文件单独存放，不能使用擦除效果，但它不会增加最终可执行文件的大小。在作品发布时需要将这些电影文件一起发布。

（4）目前存在大量的由独立开发商开发的外部函数，设计人员还可以根据自身需要创建自己的外部函数。系统函数和外部函数的唯一不同之处就是它们的来源，外部函数一旦加载到 Authorware 中，其使用方法完全等同于系统函数。

 任务总结

在本任务中，主要应掌握为程序添加声音和视频的方法，了解声音图标和电影图标的属性；利用插件调用的方式可以在程序中添加 GIF 动画、Flash 动画和 QuickTime 视频等。GIF 动画制作简单、应用方便，而且能够透明显示，Flash 动画是矢量动画，可以无级缩放，而且数据量小，非常适合多媒体作品的需要，在多媒体程序设计中发挥了极大的作用。它可以设计程序界面、添加动态元素和动态效果、制作平面动画等，使多媒体程序更加丰富多彩，动感十足。

试一试

1）利用手机录制一段视频，制作一个生活场景片头。
2）利用网上资源制作一首词的片头。

课后习题 25

1．填空题

（1）_____动画是矢量动画，可以实现无级缩放。
（2）若需要在播放声音的同时继续执行程序，应从"执行方式"属性中选择_____选项。
（3）利用_____和_____两个选项可以定义电影图标仅播放一个电影的片断。

2．简答题

（1）Authorware 可以引用什么格式的声音文件？
（2）电影对象在屏幕上的大小是否能够改变？请使用不同格式的电影文件来测试。

3．操作题

设计一个"电影欣赏"的小程序，用它来观看几幅 GIF 动画或 Flash 动画。

任务5　制作滚动字幕

 学习内容

（1）理解路径动画的 5 种基本类型。

多媒体制作

（2）掌握 5 种路径动画的设计方法。
（3）理解路径动画的层次概念。
（4）掌握路径动画运动的控制方法。
（5）掌握决策图标的属性设置。

任务描述

随着音乐的响起，屏幕上出现了滚动字幕，相信你对制作滚动字幕会感兴趣，通过本任务的学习，能够掌握路径动画的设计方法，通过决策图标属性设置自动选择分支执行，还可以利用显示图标层的设置实现字幕钻入钻出的效果。

难点要点分析

本任务的要点是掌握不同类型的路径动画的设计方法，掌握决策图标属性的设置方法，正确理解层次的概念；难点是利用变量控制对象的运动。

操作步骤

步骤 1　显示图标层的使用，出现遮罩效果

（1）新建一个文件，属性设置如图 6-58 所示。添加一个显示图标到主流程线上，命名为"制作滚动字幕"。双击该显示图标，导入素材中的背景图片，设置其层为 2。

图 6-58　文件属性

（2）添加一个声音图标作为背景音乐，导入素材中的"背景音乐.mp3"，属性设置如图 6-59 所示。

（3）继续添加一个显示图标，命名为"遮罩"，双击该显示图标导入素材中的一个遮罩图片"1.jpg"，其层设置为 3，其位置如图 6-60 所示。

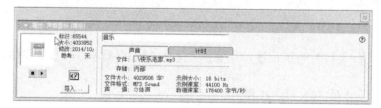

图 6-59　声音图标的属性设置

第 6 章 多媒体制作软件 Authorware 7.0

图 6-60 显示图标的属性设置

> **提示**
>
> 显示图标的层次设置对图片运动时的遮盖关系没有影响，也就是说，对象在运动交叉时的遮盖关系只由运动图标的层次决定。
> 运动图标不仅可以应用于静态图像，还可以应用于动画、视频等动态画面。

步骤 2 决策图标的使用

（1）添加一个决策图标，命名为"循环"，属性设置如图 6-61 所示。

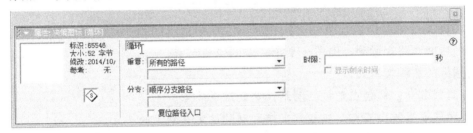

图 6-61 决策图标的属性设置

（2）在决策图标的右边添加一个群组图标，命名为"滚动字幕"，如图 6-62 所示。双击该群组图标，在弹出的二级流程线上添加一个显示图标，命名为"文本"，双击该显示图标，在弹出的"演示窗口"对话框中输入一段《快乐老家》的歌词，调整其位置，并设置其层为 2，如图 6-63 所示。

图 6-62 滚动字幕　　　　　　　　图 6-63 文本位置

（3）添加一个等待图标，时间限制为 0.5 秒。

步骤 3 设计简单的路径动画

（1）添加一个移动图标，命名为"移动文本"，双击该移动图标，弹出"属性：移动图标

[移动文本]"对话框,如图 6-64 所示,单击窗口中的文本,将它设置为运动的对象,然后在"类型"下拉列表中选择"指向固定点"选项,将文本拖至如图 6-65 所示的位置。

图 6-64　添加移动图标

图 6-65　属性设置

移动图标不仅可以提供一个使对象在展示窗口中移动的动作,还能提供多种运动方式,如沿着折线或曲线路径运动、停留在某个特定的位置点等。

移动图标的 5 种类型如下。
- 指向固定点:从起点直接运动到设定的运动终点。
- 指向固定直线上某点:从起点直接运动到设定直线上的某点。
- 指向固定区域内某点:从起点直接运动到设定区域内的某点。
- 指向固定路经的终点:从路径起点沿路径运动到路径终点。
- 指向固定路径的任意点:从路径起点沿路径运动到路径上某点。

(2)该操作的整个流程分别如图 6-66 和图 6-67 所示。

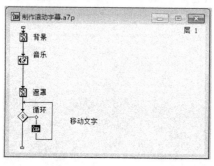

图 6-66　流程图(一)

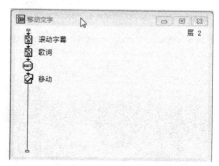

图 6-67　流程图(二)

(3)保存文件,效果如图 6-68 和图 6-69 所示。

第6章 多媒体制作软件 Authorware 7.0

图 6-68　效果图（一）

图 6-69　效果图（二）

知识链接

（1）当两个运动图标处于不同层次时，层次高的运动图标控制的对象在运动时遮住层次低的运动图标控制的对象。

（2）决策图标能够根据属性设置自动选择分支执行。选择的依据可以是顺序的，也可以是随机的，还可以由变量或函数来决定。

（3）运动图标不仅可以应用于静态图像，还可以应用于动画、视频等动态画面。虽然严格地说，路径动画不能称为动画，而仅仅是使对象（图片、动画等）在位置上有一个变化，但是正是这种简单的动画形式使多媒体作品灵活多变。因为这是由 Authorware 直接产生的，所以不会增大程序的数据量。

任务总结

在本任务中，主要学习利用运动图标产生路径动画，学习了 5 种运动类型及其属性、在运动图标中使用层次、利用变量控制对象的运动，理解决策图标能够根据设置的条件自动决定程序的执行情况。根据不同的属性设置，决策图标上的字符也不相同。灵活运用运动图标可以使作品画面充满动感，更加引人入胜。

试一试

（1）尝试设计一个向上滚动字幕的效果。
（2）利用运动图标使一个 GIF 和 Flash 图像运动。

课后习题 26

（1）运动图标是否可以使文字内容运动？
（2）设计一个程序使水分子自由运动。

任务 6 制作课件片头

📖 学习内容

（1）掌握 5 种路径动画的设计方法。
（2）理解路径动画的层次概念。
（3）掌握利用变量控制动画运行的控制方法。

✏️ 任务描述

在学校的操场上随着音乐响起，红旗冉冉升起，云彩从天空飘过，在可爱的动画陪伴下出现了片头文字，走入了不停转动的丰富多彩的校园万花筒，忍不住想试一下吧？通过本任务的学习，能够掌握路径动画的设计方法，加深对层的理解，利用变量控制动画的运行，关键是要判断条件的"真"和"假"。

📈 难点要点分析

本任务的要点是掌握不同类型的路径动画的设计方法，利用变量控制动画的运行，正确理解层次的概念；难点是利用变量控制对象的运动。

☕ 操作步骤

步骤 1 GIF 动画的使用

（1）新建一个文件，属性设置如图 6-70 所示。添加一个群组图标，命名为"封面"。然后添加一个显示图标，命名为"背景"。双击该显示图标，导入素材中的"山村背景"图片作为背景图片，并用"文字"工具输入标题。

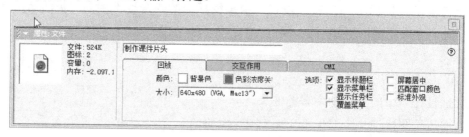

图 6-70 文件属性

（2）拖入一个声音图标作为背景音乐，导入素材中的"背景音乐.mp3"，属性设置如图 6-71 所示。

第 6 章 多媒体制作软件 Authorware 7.0

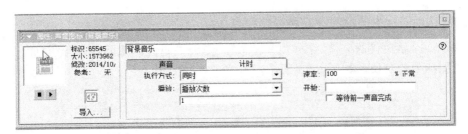

图 6-71 "属性：声音图标[背景音乐]"对话框

（3）在流程线上单击。选择"插入"→"媒体"→"GIF 动画"命令，插入一个 GIF 动画图标，GIF 动画选择"透明"模式，动画属性如图 6-72 所示。

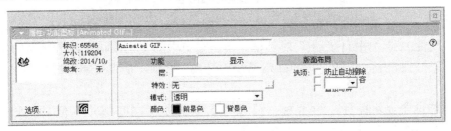

图 6-72 动画属性

步骤 2　移动图标中的指向固定点

添加一个显示图标，命名为"大雁"。添加一个移动图标，命名为"大雁飞翔"，弹出"属性：移动图标[大雁飞翔]"对话框，单击窗口中的大雁，将它设为运动的对象，然后在"类型"下拉列表中，选择"指向固定点"选项，将大雁拖至如图 6-73 所示的位置。

图 6-73 "属性：移动图标[大雁飞翔]"对话框

运行程序，流程图如图 6-74 所示。

图 6-74 流程图

步骤3 移动图标中的指向固定路径的终点

（1）添加一个擦除图标，命名为"擦封面"，弹出"属性：擦除图标[擦封面]"对话框，单击要擦除图标中的对象，如图 6-75 所示。

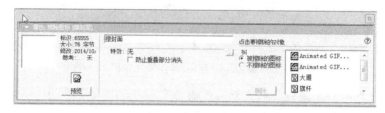

图 6-75 "属性：擦除图标[擦封面]"对话框

（2）添加一个显示图标，命名为"美丽的万花筒"，添加一个移动图标，命名为"移动1"，弹出"属性：移动图标[移动]"对话框，单击窗口中的文字，将它设为运动的对象，然后在"类型"下拉列表中，选择"指向固定路径的终点"选项，拖曳文字形成如图 6-76 所示的轨迹。

（3）添加两个显示图标，命名为"1"和"2"，分别画同心圆并填充；添加一个移动图标，命名为"滚动"，拖曳的轨迹如图 6-77 所示。

图 6-76 文字移动的轨迹

图 6-77 万花筒的移动轨迹

（4）由于所设置的图片要不停地滚动，所以在"属性：移运图标[滚动]"对话框中，将类型设置为"指向固定路径的终点"；执行方式设置为"等待直到完成"，"移动当"设置为"x=1"，如图 6-78 所示。表达式"x=1"表示当变量"x"的值为"1"时，运动持续运行。

图 6-78 设置运动条件

（5）添加一个计算图标到流程线上，打开其计算窗口，输入如图 6-79 所示的内容，定义变量"x"。

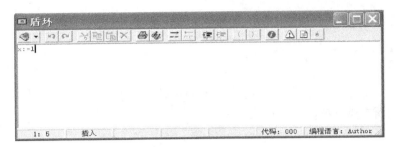

图 6-79　输入计算内容

（6）关闭窗口，运行程序，会发现万花筒在不停地滚动，如图 6-80 所示。

图 6-80　效果图

（7）保存文件。流程图如图 6-81 所示。

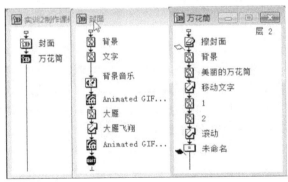

图 6-81　流程图

知识链接

（1）运动对象和动画图标要关联，拖曳移动对象成功画出轨迹，进行产生、增加、删除、恢复、移动和转化节点的操作，单击或双击路径上的某一点，在该处增加新节点，拖曳节点的位置，可改变路径；双击节点，在三角形和圆形节点之间转换，使动画轨迹符合设计要求。

（2）增加了"移动当"属性，用于设置控制对象运动的参数，当该参数为"真"时，对象就运动，否则就不运动，如果当对象运动到终点而参数仍然为"真"，对象重复运动，反之

则停留在终点，程序默认为只在第 1 次遇到运动图标时运动一次。

任务总结

在本任务中，主要学习利用变量控制对象的运动、在运动图标中使用层次、灵活运用运动图标使作品画面充满动感，更加引人入胜。

试一试

尝试设计两个小球发生弹性碰撞的程序。

课后习题 27

设计一个程序，用标尺控制图片运动的位置，沿标尺拖曳游标，图片沿运动路径运动到相应的路径位置。

任务 7 巧对唐诗

学习内容

（1）了解交互的概念和交互响应的类型。
（2）理解交互响应的属性。
（3）掌握目标交互类型的定义和设置方法。

任务描述

你喜欢挑战吗？本任务将引领你走进巧对唐诗的游戏。有两首诗，每首诗缺少一句，要求拖曳诗句到诗中正确的位置，如果选择错误，则返回原处；如果选择正确，诗词会锁定在目标位置；若全部选择正确，就会有鼓励性的画面，相信你会感兴趣的。通过本任务的学习，能够掌握目标交互类型的定义和设置方法。

难点要点分析

本任务的要点是正确理解交互响应的属性和设置方法，难点是对操作的情况进行判断。

操作步骤

步骤 1 显示图标层中计算属性的使用

（1）新建一个文件，设置窗口大小可变。然后添加一个显示图标到主流程线上，命名为"巧对唐诗"。双击该显示图标，输入标题和两首唐诗（唐诗不能移动），如图 6-82 所示，选择显示图标"巧对唐诗"，右击，在弹出的快捷菜单中选择"计算"命令，弹出一个计算窗口，出现如图 6-83 所示的内容，定义图标中的内容不可移动，这样做的目的是防止不小心将两首唐诗拖动。

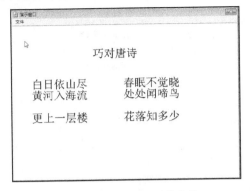

图 6-82　输入标题和两首唐诗

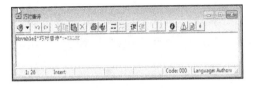

图 6-83　定义图标中的内容不可移动

（2）添加一个群组图标，命名为"句子"。在句子中添加两个显示图标，如图 6-84 所示。

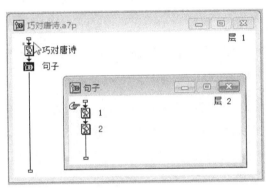

图 6-84　引入诗句

提示

设置显示图标模式为"遮隐"，这样句子中的诗句的白色部分就会透明，不会挡住其他诗句。

在显示图标上添加计算命令相当于一个显示图标加上一个计算图标。

步骤 2　交互图标的使用

（1）继续添加一个交互图标，命名为"拖动"，如图 6-85 所示，再用群组图标建立一个目标交互分支，命名为"欲穷千里目"。

（2）运行程序。当程序遇到一个未设置的交互响应时会暂停，并弹出响应属性对话框，要求用户进行设置，同时在展示窗口上还出现一个标有"欲穷千里目"的虚线框，如图 6-86 所示。

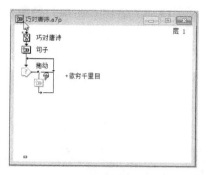

图 6-85 "目标响应"类型的交互结构

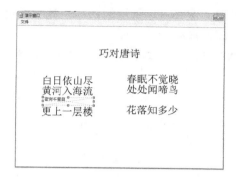

图 6-86 对象虚线框的初始位置

> **提示**
>
> "目标区"选项卡中的类型属性中有以下几种属性。"放下"指定义目标对象放下后会如何动作;"在目标点放下"指拖曳到何处就停在何处;"返回"指返回到原处;"在中心定位"指拖曳到目标位置后,锁定到目标位置的中心;"允许任何对象"指接受任何对象。

此时,"属性:交互图标[欲穷千里目]"对话框上有一行提示"选择目标对象",选择要拖曳的目标对象,如图 6-87 所示。

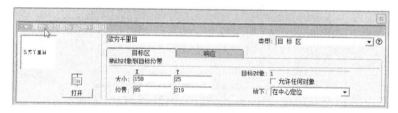

图 6-87 "属性:交互图标[欲穷千里目]"对话框

(3) 单击"欲穷千里目",则虚线框自动附着到该语句上,如图 6-88 所示,同时"属性:交互图标[欲穷千里目]"对话框中会显示当前选中的对象,如图 6-89 所示。

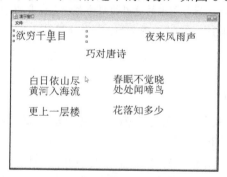

图 6-88 虚线框自动附着到该语句上

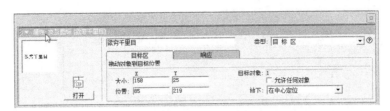

图 6-89 显示当前选中的对象

此时，"属性：交互图标[欲穷千里目]"对话框中的提示变为"拖动对象到目标位置"，拖动"欲穷千里目"到正确的位置，虚线框会跟着移动到该位置。

（4）"目标区"选项卡的响应选择如图 6-90 所示。此时，拖曳到目标区域的操作是正确的，确定后，分支前出现了一个"+"号。

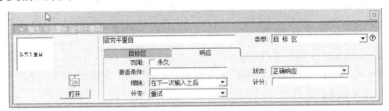

图 6-90 "目标区"选项卡的响应选择

提示

设置正确响应时，不允许选择任何对象，以便使本选择只对选定对象有效。

（5）在"+欲穷千里目"的右边添加名字为"错误"的群组图标，设置如图 6-91 和图 6-92 所示。效果如图 6-93 所示。

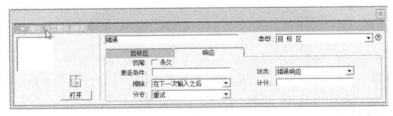

图 6-91 设置（一）

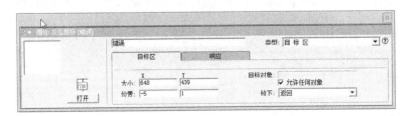

图 6-92 设置（二）

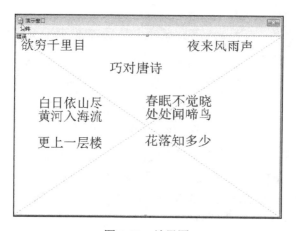

图6-93 效果图

> **提示**
>
> 设置错误响应时,允许选择任何对象。调整错误位置的目标区域,使其覆盖整个展示窗口,对任何对象除其确定区域,其他区域都是错误的。

(6)运行程序。拖曳"欲穷千里目"到正确的位置时,它会停在目标区域处。当拖到其他位置时,它会自动返回原处,流程如图6-94所示。效果如图6-95所示。

(7)在"错误"之前再插入一个名为"夜来风雨声"的群组图标,流程如图6-96所示。

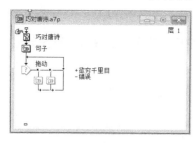

图6-94 流程图(一)

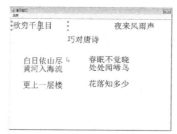

图6-95 效果图

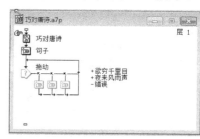

图6-96 流程图(二)

步骤3 显示正确信息

(1)在分支图标的最右边再添加一个群组图标。分支属性设置分别如图6-97和图6-98所示。

图6-97 分支属性设置(一)

第 6 章 多媒体制作软件 Authorware 7.0

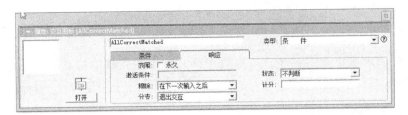

图 6-98 分支属性设置（二）

（2）在交互图标的下方拖入一个群组图标，命名为"正确信息"，双击群组图标，插入一个动画图标和显示图标，并输入信息，如图 6-99 所示。

（3）运行程序。拖放正确，停在该处，组成完整的唐诗；错误，就自动返回原处。全部正确，给出鼓励性的语句，效果如图 6-100 所示。

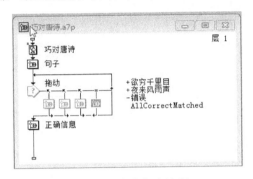

图 6-99 当前程序流程

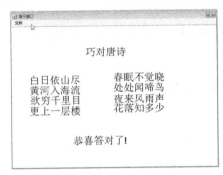

图 6-100 效果图

 **知识链接**

（1）条件响应对于控制程序的运行非常有用。在使用时要注意正确地设置响应条件（表达式或变量）和"自动"属性。为了使程序能够在条件成立时自动执行对应的分支，应当将"自动"属性设置为"为真"。

（2）按钮交互类型是最常见的交互方式，自定义按钮的设计也是非常重要的。

（3）目标区域响应方式一般都应用拖曳操作，而且要对操作的情况进行判断。需要注意的是，如果图形对象是透明显示，那么对对象中的透明区域是无法进行拖曳操作的。可以采用"遮罩"方式，使对象内部的白色区域不透明。交互图标是 Authorware 中最复杂、最有用，也是最难理解的图标，其涉及大量的选项和设置，要想真正掌握它，还需要长时间的学习和实践。

 任务总结

在本任务中，主要学习了交互图标。交互是多媒体软件设计的重要环节，交互图标是进行程序交互的主要工具。交互图标只有与其他图标结合构成交互结构时，才能够发挥交互功能。交互属性非常重要，特别是其中的响应属性。多媒体作品中，常要求用户将某个对象拖曳到指定的位置，如将画面上错位的图片复位、组装设备、制作小游戏等。Authorware 提供的目标区域交互类型就能够实现这种要求。

试一试

设计一个认识水果单词的游戏。若拖放正确,将停在正确的位置,否则返回原位。可参考本任务的程序。

课后习题 28

(1)交互响应属性中的"在下一次输入之后"和"在下一次输入之前"在具体应用时有什么区别?

(2)如何修改交互响应的光标样式?

(3)在"巧对唐诗"中"错误"分支是否可以放置在其他移动分支的前面?为什么?

任务 8 制作中文菜单

学习内容

(1)理解交互响应的属性。
(2)掌握下拉菜单交互类型的定义和设置方法。
(3)掌握制作中文菜单的方法。

任务描述

说到下拉菜单,大家都不陌生,Authorware 本身就有一排下拉菜单,制作中文下拉菜单来进行交互时,可以节省屏幕空间,使用起来十分方便。由于 Authorware 本身默认"文件"菜单不能被擦除图标直接擦除,可以把它替换成普通的可擦除项。制作可控制的音乐菜单,单击"开音乐"按钮,可播放音乐,单击"关音乐"按钮,可停止音乐的播放,单击各个菜单按钮能够显示相应的分支内容。通过本任务的学习,能够掌握下拉菜单交互类型的定义和设置方法。

难点要点分析

本任务的要点是正确理解交互响应的属性和设置方法,使用"下拉菜单"交互类型制作一个下拉菜单程序,使得单击各个菜单按钮都能够显示相应的分支内容,响应属性设置时,通常要把各个菜单响应设置成永久类型的响应,这样可以使菜单始终处于激活状态;难点是对 Authorware 本身默认的"文件"菜单项的删除。

操作步骤

步骤 1 制作中文菜单,删除 Authorware 本身默认的"文件"菜单项

(1)新建一个文件,设置窗口大小可变,在选项中保留菜单栏,并命名为"制作中文菜单",如图 6-101 所示。

第 6 章 多媒体制作软件 Authorware 7.0

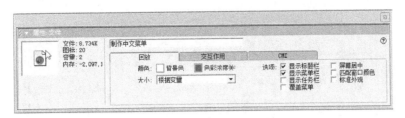

图 6-101　文件属性的设置

（2）制作一个自定义的中文菜单，添加一个交互图标到主流程线上，命名为"文件"。拖曳一个群组图标到该交互图标的右侧，不对该图标命名，属性设置如图 6-102 所示。

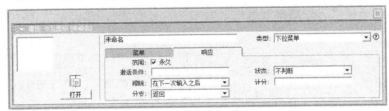

图 6-102　交互属性中的响应设置

提示

设置一个下拉菜单程序响应属性时，通常要把各个菜单的响应设置成永久型，这样可以使菜单始终处于激活状态。

当用户建立了一个"文件"项后，就取代了系统默认的"文件"项，所以分支的名称可不用管它，需要注意的是，交互图标的名称一定要是"文件"。

（3）添加一个擦除图标，命名为"擦除文件"。运行程序，当运行到擦除图标时，弹出"属性：擦除图标[擦除文件]"对话框，如图 6-103 所示。在"演示窗口"对话框中选择"文件"菜单项为擦除对象，如图 6-104 所示。

（4）运行程序。中文菜单的基础部分制作完成，流程如图 6-105 所示。

图 6-103　擦除图标的属性设置

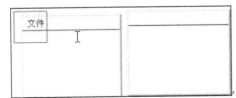

图 6-104　在"演示窗口"对话框中擦除"文件"菜单项

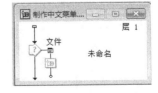

图 6-105　中文菜单的基础部分

步骤 2　制作可控制的音乐菜单

（1）继续添加一个声音图标，命名为"背景音乐"，导入声音文件，其属性设置如图 6-106

所示。

图 6-106 声音属性的设置

（2）添加一个交互图标，命名为"音乐"，拖入一个群组图标到交互图标的右侧，在"类型"下拉列表中，选择"下拉菜单"选项，命名为"开音乐"，单击响应类型标识符，其属性设置如图 6-107 所示。

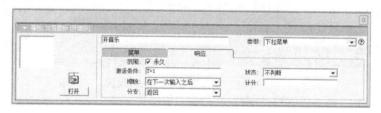

图 6-107 "开音乐"属性设置对话框

（3）双击"开音乐"群组图标，拖入一个计算图标，命名为"条件值"，输入如图 6-108 所示的内容。

图 6-108 "开音乐"计算窗口

（4）复制主流程线上的"背景音乐"，设置保持不变，粘贴到计算图标"条件值"的下面。

（5）拖入一个计算图标，命名为"关音乐"，拖到交互图标的右侧，其属性设置如图 6-109 所示。

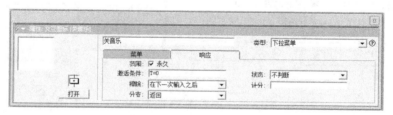

图 6-109 属性设置对话框

（6）双击计算图标，输入如图 6-110 所示的内容。

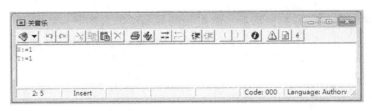

图 6-110　"关音乐"计算窗口

（7）继续在交互图标右侧添加一个群组图标，命名为"(–"。

提示

添加一个群组图标"(–"，事实上其是一个分隔线。

（8）拖入一个计算图标，命名为"退出"，拖到交互图标的最右侧，"退出"窗口设置如图 6-111 所示。

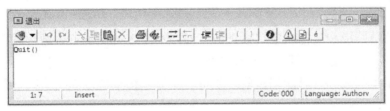

图 6-111　"退出"窗口的设置

（9）运行程序，可控制的音乐菜单制作完成，流程如图 6-112 所示。

步骤 3　建立第 2 个菜单项——"学校"

（1）在"音乐"交互图标的下方，建立一个名称为"学校"的交互图标，在它的右边拖入一个群组图标，在"类型"下拉列表中，选择"下拉菜单"选项，命名为"学校概况"，单击响应类型标识符，其属性设置如图 6-113 所示。

（2）利用图标复制的方法为"学校"增加两个菜单项，选择"学校概况"图标，选择"复制"命令，然后在分支右侧单击，使手形出现在分支右侧，选择"粘贴"命令。

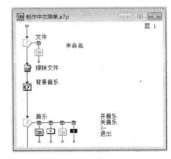

图 6-112　流程图

图 6-113　设置"学校概况"的交互属性

（3）修改分支名称和内容，再用计算图标为交互循环结构添加一个"退出"分支，也采用菜单方式，如图 6-114 所示。

(4) 运行程序流程如图 6-115 所示，效果如图 6-116 所示。

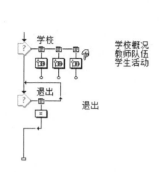
图 6-114　修改后的分支并添加"退出"分支

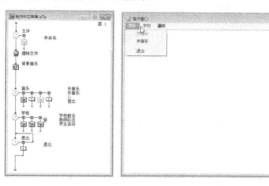
图 6-115　流程图　　　　图 6-116　效果图

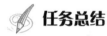 **知识链接**

（1）下拉菜单响应和其他响应有很大的不同，不同之处在于菜单通常需要在程序中保留很长的一段时间，以便用户能够随时与其进行交互。

（2）利用菜单响应方式只能创建单级菜单，对于多级菜单或弹出式菜单无能为力，只能利用一些外部函数来实现。

任务总结

在本任务中，主要学习了交互图标，利用菜单响应可以方便地创建下拉菜单，但是要注意"分支"属性的设置；制作下拉式菜单程序响应属性设置时，通常要把各个菜单响应设置成永久类型的响应，这样可以使菜单始终处于激活状态。

设计一个利用下拉菜单介绍实物的游戏。可参考任务 8 的程序。

任务 9　制作摄影作品集

 **学习内容**

（1）了解决策、导航及框架图标的功能和属性。
（2）掌握决策及框架图标的使用。

任务描述

你喜欢摄影吗？"五月归来不看山，黄山归来不看岳"。黄山是我国著名的风景旅游胜地，黄山以它独有的风姿，吸引了众多的摄影者走入它的怀抱；不识庐山真面目，只缘身在此山中——走进黄山可掀开它神秘的面纱。本任务将引领你走进大自然，沐浴在美丽的山水之间，首先是一个主题背景界面，要求通过热区域交互进行交互选择，选择"欣赏"可以进入风光欣赏界面，利用右边的控制按钮，可以进行前进和后退的翻页操作。相信你会感兴趣的。通过本任务的学习，能够掌握决策及框架图标的使用。

难点要点分析

本任务的要点是图标及其分支属性的设置，框架图标内部结构的设置及属性设置，正确理解导航图标的属性和设置方法；难点是对操作的情况进行框架图标内部结构的设置及属性设置的具体判断。

操作步骤

步骤1 交互图标响应类型中热区域的使用

（1）新建一个文件，设置窗口大小可变。参照任务8，删除Authorware本身默认的"文件"菜单项，然后添加一个显示图标到主流程线上，命名为"背景"。双击该显示图标，弹出"演示窗口"对话框，导入图片。继续添加一个交互图标，命名为"进入"，再用群组图标建立一个交互分支，命名为"欣赏"，用计算图标建立一个交互分支，命名为"退出"，如图6-117所示。

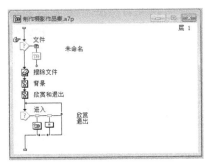

图6-117 热区域响应类型的交互结构

（2）交互图标鼠标指针形状的改变和热区域的设置。选择交互响应类型为"热区域"。"热区域"响应指的是在展示窗口中创建一个不可见的矩形区域（热区）。用户在热区内单击、双击或把鼠标指针移入热区内，都会激活交互响应，使程序沿该分支执行。区域的大小和位置可以根据需要在展示窗口中任意调整。在"属性：交互图标[欣赏]"对话框的"鼠标"属性后面有一个小按钮，如图6-118所示，单击该按钮，弹出"鼠标指针"对话框，如图6-119所示，通过这个对话框就能够改变鼠标指针形状，如图6-120所示。

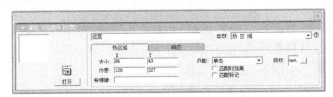

图6-118 "属性：交互图标[欣赏]"对话框

图 6-119 "鼠标指针"对话框

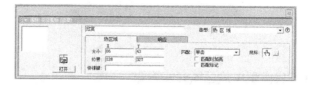

图 6-120 完成鼠标指针的形状设置

(3)双击"进入"交互图标,出现了两个虚线框,这些虚线框对应分支的热区,热区中的文字是分支的名称,在热区中输入"欣赏"和"退出",如图 6-121 所示。

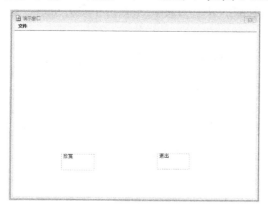

图 6-121 在交互图标中输入名称

> 双击交互图标,用鼠标拖曳虚线框可调整热区的位置和大小。
> 热区响应能够将展示窗口中任意的区域设置为交互响应的触发位置,为程序设计带来了一定的灵活性。但是,这个热区只能为矩形,这也是一点遗憾。

(4)双击"退出"计算图标,输入函数 quit(),该函数的作用是退出整个程序,当用户单击"退出"按钮时,退出整个程序,如图 6-122 所示。

(5)运行后的效果,如图 6-123 所示。

第 6 章 多媒体制作软件 Authorware 7.0

图 6-122 "退出"窗口　　　　　图 6-123 效果图

步骤 2　框架图标的使用

框架图标 可以实现在多个分支页面之间的导航，它提供了丰富的导航手段，在程序设计中得到了广泛应用。导航面板中有 8 个按钮，可以实现向前翻页、向后翻页、查找和退出等功能。这些按钮基本上能够满足程序对页面的管理需求。用这种方法进行页面管理，其简单和实用性是一目了然的。如同交互图标中的按钮一样，框架图标中的导航按钮是可以修改的。

（1）拖入一个框架图标到流程线上，双击框架图标，打开其二级流程，如图 6-124 所示。选择"Find"、"Go back"和"Recentpages"选项，按"Delete"键将删除其中的显示图标灰色面板。

（2）调整按钮样式，以适合所用的背景。单击导航图标 上的响应类型标识符，打开其交互属性窗口，单击该对话框左侧的按钮，弹出"按钮"对话框，如图 6-125 所示。

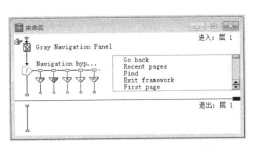
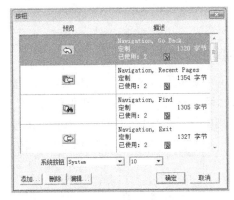

图 6-124　框架结构流程图　　　　　图 6-125　"按钮"对话框

（3）单击"按钮"对话框中的"添加"按钮，在弹出的"按钮编辑"对话框中定义新按钮，如图 6-126 所示。

（4）在"状态"选项组中选择"常规"下的"未按"状态，此时一个黑色框出现在相应的位置上，单击"图案"右侧的"导入"按钮，把一个预先设计好的按钮图片导入到"按钮编辑"对话框中，如图 6-127 所示。

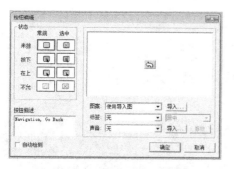

图 6-126 "按钮编辑"对话框

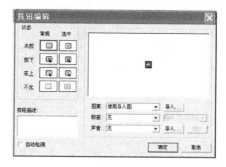

图 6-127 为"未按"状态导入一张图片

（5）用同样的方法，为"按下"状态和"在上"状态导入一张图片，单击"确定"按钮，关闭"按钮编辑"对话框。此时，可见自定义的按钮已出现在"按钮"对话框中，并处于选中状态，如图 6-128 所示。

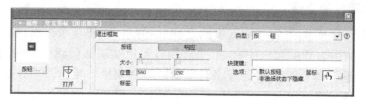

图 6-128 自定义按钮取代了默认按钮

提示

当按钮的 3 个状态要使用不同的图片时，要保证图片大小相同。

框架图标实际上是交互图标与导航图标的组合，其中交互图标用于实现按钮交互的功能，而导航图标用于实现分支之间的管理。

步骤 3

（1）将框架图标命名为"美景"。在框架图标的右边添加 4 个显示图标，依次命名为"风光 1"、"风光 2"、"风光 3"和"风光 4"，如图 6-129 所示。双击框架图标，框架结构流程图如图 6-130 所示。设置它的交互图标中的层为"1"，如图 6-131 所示，关闭对话框。

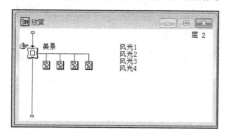

图 6-129 添加 4 个显示图标

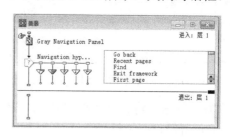

图 6-130 框架结构流程图

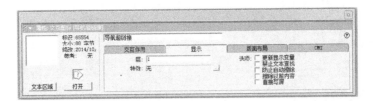

图 6-131　属性设置

（2）打开"属性：框架图标[美景]"对话框，为页面设置转换方式，如图 6-132 所示。

图 6-132　设置页面的特效形式

（3）运行程序，观看效果，如图 6-133 所示。

图 6-133　效果图

知识链接

在框架图标中包含着许多导航图标，框架图标的导航功能就是利用它们来实现的。导航图标一般有两种不同的使用场合：程序自动执行的转移和交互控制的转移。程序自动执行的转移指的是把导航图标放在流程线上，当程序执行到导航图标时，系统自动跳转到该图标指定的目的位置。交互控制的转移指的是使导航图标依附于交互图标，创建一个交互结构。当程序条件或用户操作满足响应条件时，系统自动跳转到导航图标的指定位置。

任务总结

在本任务中，主要学习了框架图标，它能够方便地管理众多页面，实现页面之间的跳转，它是交互图标与导航图标的组合。导航图标能够实现程序的跳转。与使用系统跳转函数相比，导航图标简单方便，而且功能较强，程序设计起来更加灵活。利用这些图标也能够对程序的执行进行控制，如根据条件执行不同的程序模块、在程序内容之间灵活导航等。其组织起来更加方便，可以制作出较为复杂的多媒体程序。

试一试

同学们可以使用自己的手机动手制作出自己的摄影集。

课后习题 29

1. 填空题

（1）框架图标实际上是_____与_____的组合，其中_____用于实现按钮交互的功能，而_____用于实现分支之间的管理。

（2）导航图标默认的图标名是_____。

2. 操作题

制作一个花卉展。可参照任务 9 的步骤。

任务 10 走进记忆

学习内容

1）了解超链接、导航及框架图标的功能和属性。
2）掌握超文本链接的设计方法。

任务描述

为了保留学校生活在心中的美好回忆，可以制作"走进记忆"纪念光盘。首先是一个片头，框架图标为纪念光盘的主体结构，其内部有学习和班级活动两部分构成，每一部分又分为若干页，用户可以用按钮进行浏览。在框架图标的第 1 页，采用超文本链接的方式，用户可以利用它直接跳转到学习或者班级活动的首页。通过本任务的学习，能掌握框架图标的超文本链接的用法。

难点要点分析

本任务的要点是框架图标内部结构的设置及其属性设置，正确理解导航图标的属性和设置方法；难点是掌握超文本链接的设计方法。

操作步骤

步骤 1 课件片头的应用和背景的设置

（1）新建一个文件，设置窗口大小可变，命名为"走进记忆.a7p"。参照任务 8，删除 Authorware 本身默认的"文件"菜单项，然后添加一个声音图标到主流程线上，如图 6-134 所示。

（2）利用 GIF 动画作为背景图片。选择"插入"→"媒体"→"GIF"命令，在弹出的"属性：功能图标[Animated GIF]"对话框中选择所需要的动画图片，如图 6-135 所示。

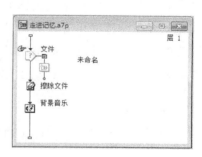

图 6-134 流程线

图 6-135　GIF 动画的属性设置

步骤 2　框架图标的使用

（1）拖入一个框架图标到流程线上，命名为"纪念光盘"，双击框架图标，打开其二级流程，如图 6-136 所示。选择"Find"、"Go back"和"Recent pages"选项，按"Delete"键将其删除；将其中的显示图标灰色面板删除。

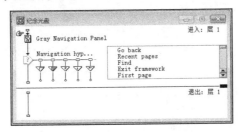

图 6-136　框架结构流程图

（2）双击交互图标，将交互图标展示窗口打开，调整按钮到合适的位置。

（3）为了使页面与页面之间的过渡自然，选择合适的过渡效果，如图 6-137 所示。

图 6-137　框架图标的属性设置

步骤 3　超文本链接的应用

（1）在框架图标"纪念光盘"的右边添加 5 个群组图标，依次命名为"目录"、"清晨读书"、"学习片段"、"班级活动"和"班级聚会"，如图 6-138 所示。

（2）打开"属性：框架图标[纪念光盘]"对话框，为页面设置特效方式，如图 6-139 所示。

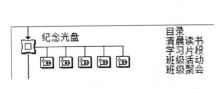

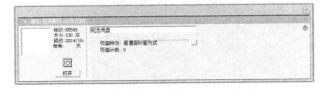

图 6-138　"纪念光盘"框架流程　　　　图 6-139　设置页面的特效形式

（3）双击"目录"群组图标，在目录中设置了两个导航图标，帮助用户直接切换到相应的页面，交互中使用热对象交互，程序流程图如图 6-140 所示。

（4）打开显示图标"学习片段"和"班级活动"，设置相应的字体，并调整到合适的位置。

(5)设置"属性：导航图标[导航到'班级活动']"对话框。双击导航图标，弹出：导航图标[导航到"班级活动"]对话框，设置如图6-141所示。

图6-140　程序流程图

图6-141　导航图标的属性设置

(6)设置热对象。选中"清晨读书"上的响应属性，选择"热对象"选项卡，在"演示窗口"对话框中选中热对象"学习"，如图6-142所示。

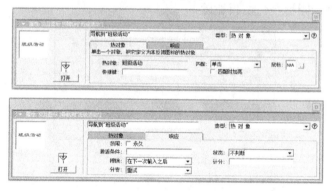

图6-142　交互图标中的热对象属性对话框

(7)使用同样的方法设置班级活动的超链接。

(8)运行程序观看效果，如图6-143所示。流程图如图6-144所示。

> **提示**
>
> 设置超文本链接的过程：首先制作文本对象，其次设置导航图标，指定链接位置，最后将交互响应设置为热对象响应，并把文本作为热对象。

图6-143　效果图

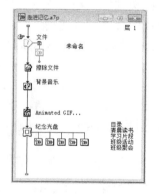

图6-144　流程图

知识链接

（1）要实现超文本链接形式，也可以利用框架图标的方式，首先删除"导航"面板，然后定义超文本样式，最后将它应用到文本中。

（2）交互控制的转移：使导航图标依附于交互图标，创建一个交互结构。当程序条件或用户满足响应条件时，系统自动跳转到导航图标指定的位置。

任务总结

在本任务中，主要学习超文本链接方式与使用热区方式建立文字链接。前者的链接目标只能是框架结构的页面，而后者可以独立地建立交互分支内容；导航图标能够实现程序的跳转，可以在程序内容之间灵活导航，组织起来更加方便，可以制作出较为复杂的多媒体程序。

试一试

请同学们用框架图标实现超文本链接。

课后习题

利用所学知识，制作自己的毕业册。

任务 11　制作简单试题

学习内容

（1）了解知识对象的基本概念和分类。
（2）利用知识对象进行程序设计。
（3）掌握"评估"类型知识对象的设置方法。

任务描述

快乐学习，让同学们听着音乐在计算机上轻轻松松地做题，不再把学习当做负担，知识对象帮你轻松搞定。

本任务主要介绍知识对象的使用方法，使用知识对象能方便地创建单选题，如果选择错误，将给出错误信息；如果选择正确，就会有鼓励性的画面，最多只能尝试 3 次，相信你会感兴趣的。通过本任务的学习，能够掌握目标交互类型的定义和设置方法。

难点要点分析

本任务的要点是利用知识对象进行程序设计，掌握"评估"类型知识对象的设置方法，使许多原本需要借助编程来实现的功能变得简单直观；难点是在操作中对单选题的正确设置。

多媒体制作

操作步骤

步骤 1　知识对象的使用

（1）新建一个文件，设置窗口大小可变。拖曳一个框架图标到流程线上，将其命名为"试题库"。

（2）单击常用工具栏上的"知识对象"按钮，弹出"知识对象"对话框，如图 6-145 所示。选择知识对象中"评估"分类中的"单选问题"选项，如图 6-146 所示。

图 6-145　"知识对象"对话框　　图 6-146　选择"单选问题"选项

（3）拖曳"单选问题"选项到框架图标的右侧，弹出"Single Choice Knowledge Object：Introduction"对话框，如图 6-147 所示。单击"Next"按钮，弹出"Single Choice Knowledge Object：Question Options"对话框，要求设置问题所在的层次和引用的媒体素材所在的目录，如图 6-148 所示。

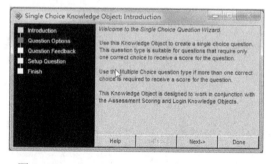
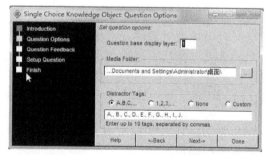

图 6-147　"Single Choice Knowledge Object：Introduction"对话框　　图 6-148　"Single Choice Knowledge Object：Question Options"对话框

（4）单击"Next"按钮，弹出"Single Choice Knowledge Object：Question Feedback"对话框，如图 6-149 所示。

步骤 2　定义题目和答案选定

（1）继续单击"Next"按钮，弹出"Single Choice Knowledge Object：Setup Question"对话框，如图 6-150 所示。

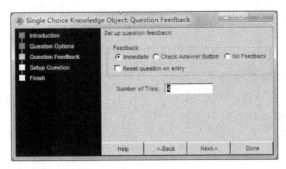

图 6-149 "Single Choice Knowledge Object：Question Feedback"对话框

（2）在最上面的"Edit Window：Enter or modify the Question stem now"文本框中输入"世界上国土面积最大的国家是？"，如图 6-151 所示。依次输入答案和反馈信息，如图 6-152 所示。

（3）输入答案和反馈信息后，单击"Next"按钮，然后单击"Done"按钮，如图 6-153 所示。

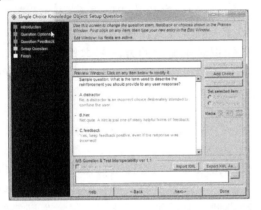

图 6-150 "Single Choice knowledge Object：Setup Question"对话框

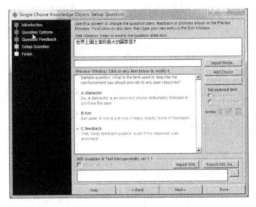

图 6-151 输入题目

图 6-152 输入答案和反馈信息

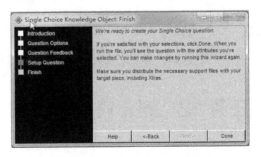

图 6-153 知识对象设置完成

步骤 3 效果图

运行程序。如果选择错误，将给出错误信息；如果选择正确，就会有鼓励性的画面，最

多媒体制作

多只能尝试 3 次。流程如图 6-154 所示，效果如图 6-155 所示。

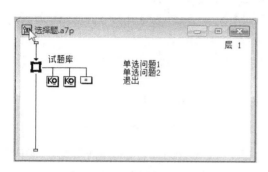
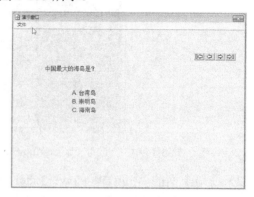

图 6-154　流程图　　　　　　　　　　图 6-155　效果图

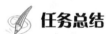

（1）知识对象不同于一般的模块或模组，它是带有向导程序的功能模块。

（2）可以从"知识对象"对话框中直接拖曳到程序流程线上使用，利用向导程序可以方便地设置知识对象，定义其中显示的内容，不同的知识对象使用的方法基本相同，但功能各异，它使没有经验的设计者能够轻松和快速地完成一般的设计任务，而有经验的开发者能够用它来自动生成重复性的设计工作，以提高开发效率。

在本任务中，主要学习了知识对象，它是根据逻辑关系封装的模型，使用时插入到作品程序中。教学测试题是多媒体教学课件中必须包含的一个内容模块，单纯利用编程来实现会比较麻烦，而知识对象不仅可以很方便地设计各种类型的测试题，还能够记录学生回答的情况，是一种很理想的测试题开发手段。

利用知识对象设计多项选择测试题。

设计一个程序，使其能够显示信息对话框中不同按钮的名称和返回值，信息自定。

任务 12　制作简单小游戏

学习内容

（1）理解交互响应的属性。
（2）掌握决策图标的设置方法。

第 6 章 多媒体制作软件 Authorware 7.0

（3）掌握计算图标和函数的使用方法。

 任务描述

你经常购买彩票吗？我们在看电视时，经常会看到一些节目中随机抽取的幸运数字，心动了吗？没准下一个中奖的就是你！这些幸运数字中包含不断滚动的 8 位随机数，在合适的时候，单击"抽奖"按钮时，将抽取如下奖项，一等奖抽取一个幸运数字，二等奖抽取两个幸运数字，三等奖抽取 3 个幸运数字。通过本任务的学习，能够掌握决策图标的设置方法。

 难点要点分析

本任务的要点是掌握决策图标的设置方法、交互响应的属性和设置方法；难点是对决策图标的正确使用。

 **操作步骤**

步骤 1　显示窗口的设置

（1）新建一个文件，设置窗口背景色为"橙色"，命名为"抽奖"，如图 6-156 所示。添加一个计算图标，命名为"窗口大小"，如图 6-157 所示。

图 6-156　文件属性的设置

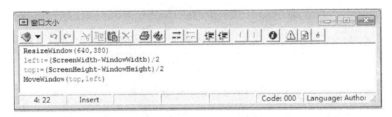

图 6-157　"窗口大小"的计算图标

（2）初始化变量。添加一个计算图标，命名为"初始化"，如图 6-158 所示。

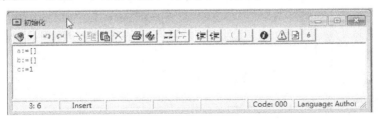

图 6-158　初始化变量

(3)添加一个显示图标,命名为"抽奖",用来显示抽奖结果,如图 6-159 所示。

图 6-159 抽奖

(4)添加一个显示图标,导入抽取按钮图片,如图 6-160 所示,并附加计算属性不可移动,添加一个"定位"计算图标,如图 6-161 所示。

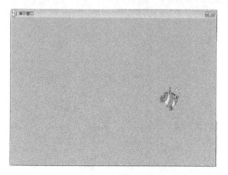

图 6-160 导入抽取按钮图片

图 6-161 "定位"计算图标

步骤 2 决策图标的使用

(1)拖入一个决策图标,命名为"抽奖",在右侧添加一个名为"产生抽奖号码"的群组图标,其属性设置如图 6-162 所示。

图 6-162 决策属性的设置

(2)双击"产生抽奖号码"群组图标,在流程线上添加一个决策图标,命名为"循环产生随机数",如图 6-163 所示。其决策响应属性如图 6-164 所示。"抽奖"计算图标如图 6-165 所示。

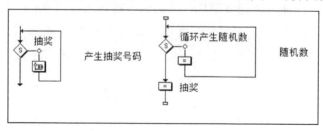

图 6-163 流程图

第 6 章 多媒体制作软件 Authorware 7.0

图 6-164 随机数决策响应属性设置

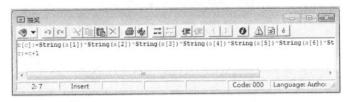

图 6-165 "抽奖"计算图标

（3）添加一个计算图标"随机数"到"循环产生随机数"决策图标的右侧，实现各档次中奖号码的抽取，输入如下语句，如图 6-166 所示。

（4）拖入一个擦除图标，命名为"擦除"，擦除抽取图片，如图 6-167 所示。

图 6-166 实现各档次中奖号码的抽取

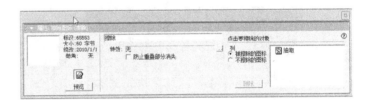

图 6-167 属性设置

步骤 3 重新抽奖的实现

（1）在"擦除"图标的下方，建立一个名为"控制"的交互图标，在它的右边拖入两个计算图标，命名为"重新抽奖"和"退出"，在"类型"下拉列表中选择"按钮"选项，单击响应类型标识符，其属性设置分别如图 6-168 和图 6-169 所示。

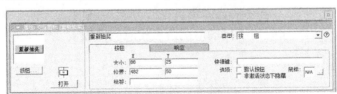

图 6-168 "重新抽奖"交互属性设置

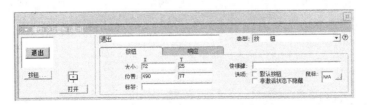

图 6-169 "退出"交互属性设置

（2）在计算图标中分别输入如图 6-170 和图 6-171 的内容。总流程图如图 6-172 所示。效果图分别如图 6-173 和图 6-174 所示。

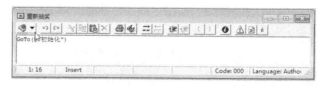

图 6-170　输入"重新抽奖"计算图标的内容

图 6-171　输入"退出"计算图标的内容　　　　图 6-172　总流程图

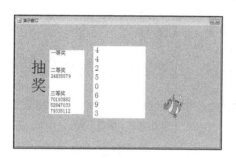

图 6-173　效果图（一）　　　　　　　图 6-174　效果图（二）

知识链接

在决策图标中，可以利用条件来选择要执行的分支。例如，当抽奖测试完成以后，人们一定希望可以重新试一次，可针对不同的情况给出相应的反馈。

任务总结

在本任务中，主要学习了交互图标，其按钮响应类型是交互操作中最简单、最直观的一种交互方式。单击相应按钮，就会立即执行对应的交互分支。利用按钮响应可以方便地实现抽取、返回和退出功能。在决策图标中，我们可以利用条件来选择要执行的分支，从而实现随机抽奖的功能。

试一试

设计一个掷骰子游戏。

附录 A

Adobe Premiere Pro CS6 常用视频转场特效

1. 3D 运动转场特效

（1）立方体旋转特效。

这种特效用来产生类似于立方体转动的过渡效果，但是该效果中的立方体转动会使图像产生透视变形，立体感非常强烈，如图 A-1 所示。

（2）帘式特效。

这种特效用来产生一段素材像被拉起的幕布一样消失，同时另一段素材显露出来的效果，如图 1-2 所示。

图 A-1　立方体旋转特效

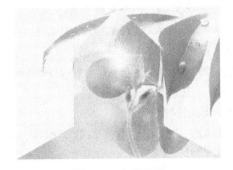
图 A-2　帘式特效

（3）门特效。

这种特效用来产生一段素材位于门后，随着位于门上的另一段素材的开关而显示的效果，如图 A-3 所示。

（4）翻转特效。

这种特效用来产生一段素材像一块板一样翻转，并显示出另一段素材的效果，如图 A-4

所示。

图 A-3　门特效

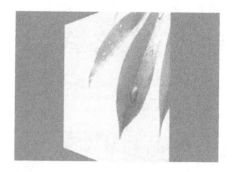

图 A-4　翻转特效

（5）向上折叠特效。

这种特效用来产生一段素材像一张纸一样被折叠起来，逐渐显露另一段素材的效果，如图 A-5 所示。

（6）旋转特效。

这种特效用来产生一段素材旋转出现在另一段素材上的效果，如图 A-6 所示。

图 A-5　向上折叠特效

图 A-6　旋转特效

（7）旋转离开特效。

这种特效与上述的旋转特效类似，不同之处在于另一段素材旋转出现时画面有透明变形，如图 A-7 所示。

（8）摆入特效。

这种特效用来产生一段素材如同摆锤一样摆入，逐渐遮住另一段素材的效果，如图 A-8 所示。

（9）摆出特效。

这种特效与上述的摆入特效类似，只是画面变形的方向不同，如图 A-9 所示。

（10）翻转特效。

这种特效用来产生一段素材像翻筋斗一样翻出画面，用以显示出另一段素材的效果，如图 A-10 所示。

附录A　Adobe Premiere Pro CS6常用视频转场特效

　　图 A-7　旋转离开特效　　　　　　　　图 A-8　摆入特效

　　图 A-9　摆出特效　　　　　　　　　　图 A-10　翻转特效

2．叠化转场特效

（1）附加叠化特效。

这种特效用以产生一段素材与另一段素材淡变的效果，如图 A-11 所示。

（2）交叉叠化特效。

这种特效用以产生一段素材叠化到另一段素材的效果，如图 A-12 所示。

　　图 A-11　附加叠化特效　　　　　　　图 A-12　交叉叠化特效

（3）抖动溶解特效。

这种特效用来产生一段素材以点的形式淡入到另一段素材的效果，如图 A-13 所示。

（4）非附加叠化特效。

这种特效用来产生一段素材的亮度图被映射到另一段素材上的效果，如图 A-14 所示。

图 A-13 抖动溶解特效

图 A-14 非附加叠化特效

（5）随机反向特效。

这种特效用来产生一段素材先以自由碎块的形式翻转成负片，然后消失，同时再以自由碎块的形式显示出另一段素材的效果，如图 A-15 所示。

3．划像转场特效

（1）划像交叉特效。

这种特效用来产生一段素材以十字的形状从另一段素材上展开，并逐渐覆盖另一段素材的效果，如图 A-16 所示，这种效果可以调整十字展开的中心位置。

图 A-15 随机反向特效

（2）菱形划像特效。

这种特效用来产生一段素材以钻石的形状在另一段素材上展开的效果，如图 A-17 所示，这种效果可以调整钻石展开的开始位置。

图 A-16 划像交叉特效

图 A-17 菱形划像特效

（3）点划像特效。

这种特效用来产生一段素材以斜十字的形状在另一段素材上展开的效果，如图 A-18 所示，这种效果可以调整十字展开的中心位置。

（4）圆划像特效。

这种特效用于产生一段素材以圆形的形状在另一段素材上展开的效果，如图 A-19 所示，这种效果的圆形展开开始位置可以调整。

附录A　Adobe Premiere Pro CS6常用视频转场特效

图 A-18　点划像特效

图 A-19　圆划像特效

（5）划像形状特效。

这种特效用于产生一段素材以锯齿形的形状在另一段素材上展开的效果，如图 A-20 所示，这种效果可以调整锯齿的大小和多少。

（6）盒形划像特效。

这种特效用于产生一段素材以矩形的形状在另一段素材上展开的效果，如图 A-21 所示，这种效果可以调整矩形的开始点。

图 A-20　划像形状特效

图 A-21　盒形划像特效

（7）星形划像特效。

这种特效用于产生一段素材以星形的形状在另一段素材上展开的效果，如图 A-22 所示，这种效果可以调整星形展开的位置。

图 A-22　星形划像特效

4．映射转场特效

（1）通道映射特效。

这种特效用于产生一段素材与另一段素材以通道的形式合并或映射到输出的效果，如图 A-23 所示。

（2）明亮度映射特效。

这种特效用于产生一段素材的亮度值被映射到另一段素材上的效果，如图 A-24 所示。

图 A-23　通道映射特效　　　　　　　　图 A-24　明亮度映射特效

5．卷页转场特效

（1）中心剥落特效。

这种特效用于产生一段素材从中心被拨开成四块并且向 4 个角移去，同时展开另一段素材的效果，如图 A-25 所示。

（2）翻页特效。

这种特效用于产生一段素材以银白色的背页色卷曲，卷曲方向从 4 个角开始，逐渐显露出另一段素材的效果，如图 A-26 所示。

图 A-25　中心剥落特效　　　　　　　　图 A-26　翻页特效

（3）页面剥落特效。

这种特效产生的效果与卷页特效类似，只是卷页的背面不是银白色而是先前的一段素材，如图 A-27 所示。

（4）剥开背面特效。

这种特效用于产生将一段素材分为 4 块图像，然后按顺时针次序从画面的中心分别卷起，最后将另一段素材显现出来的效果，如图 A-28 所示。

附录A　Adobe Premiere Pro CS6常用视频转场特效

图 A-27　页面剥落特效

图 A-28　剥开背面特效

（5）卷走特效。

这种特效用于产生一段素材像卷纸一样卷起，直到另一段素材的画面显示出来的效果，如图 A-29 所示。

6．滑动转场特效

（1）带状滑动特效。

这种特效用于产生一段素材以带状推入，逐渐盖上另一段素材的效果，如图 A-30 所示。

（2）中心合并特效。

这种特效用于产生一段素材分裂成 4 块并且滑向中心，同时展露出另一段素材的效果，如图 A-31 所示。

图 A-29　卷走特效

图 A-30　带状滑动特效

图 A-31　中心合并特效

（3）中心拆分特效。

这种特效用于产生一段素材分裂成 4 块并滑向中心或者滑向相反方向，同时展露出另一段素材的效果，如图 A-32 所示。

（4）多旋转特效。

这种特效用于产生一段素材以多方块形式旋转进入的效果，如图 A-33 所示。

图 A-32　中心拆分特效

图 A-33　多旋转特效

（5）推特效。

这种特效用于产生一段素材把另一段素材推出画面的效果，如图 A-34 所示，这种效果可以调整推出的方向。

（6）斜线滑动特效。

这种特效用于产生一段素材以一些自由线条划过另一段素材的效果，如图 A-35 所示，这种效果可以选择线条划过的方向。

图 A-34　推特效

图 A-35　斜线滑动特效

（7）滑动特效。

这种特效用于产生一段素材可以像插入幻灯片一样，从 8 个不同的方向出现在另一段素材上的效果，如图 A-36 所示。

（8）滑动带特效。

这种特效用于产生一段素材以在水平或者垂直方向上平行出现的从小到大的条形中出现，从而遮住另一段素材的效果，如图 A-37 所示。

（9）滑动框特效。

这种特效与滑动带特效效果类似，只是在这种特效中滑动条的宽度相同，如图 A-38 所示。

（10）拆分特效。

这种特效用于产生一段素材像被拉开或者合上的幕布一样运动，从而显露出另一段素材的效果，如图 A-39 所示。

附录A　Adobe Premiere Pro CS6常用视频转场特效

图 A-36　滑动特效

图 A-37　滑动带特效

图 A-38　滑动框特效

图 A-39　拆分特效

（11）互换特效。

这种特效用于产生一段素材分裂成两段图像从画面的两边向中间运动，到达中间后交换前后的位置再反方向运动遮住另一段素材的效果，如图 A-40 所示。

（12）漩涡特效。

这种特效用于产生一段素材从一些旋转的方块中旋转而出的效果，如图 A-41 所示，这种效果中方块的多少是可以调整的。

图 A-40　互换特效

图 A-41　漩涡特效

7. 特殊效果转场特效

（1）置换特效。

这种特效用于产生一段素材的 RGB 通道像素被另一段素材的相同像素替代的效果，如图 A-42 所示。

（2）纹理特效。

这种特效用于产生将一段素材作为纹理映射到另一段素材上的效果，如图 A-43 所示。

（3）映射红蓝通道特效。

这种特效用于产生将一段素材映射到另一段素材的红色和蓝色通道的效果，如图 A-44 所示。

图 A-42　置换特效

图 A-43　纹理特效

图 A-44　映射红蓝通道特效

8. 伸展转场特效

（1）交叉伸展特效。

这种特效用于产生位于立体块相邻的两个面上的两段素材，随着方块转动显示或者消失的效果，如图 A-45 所示。

图 A-45　交叉伸展特效

（2）伸展特效。

这种特效用于产生一段素材被另一段素材挤压而替换成另一段素材的效果，如图 A-46 所示。

（3）伸展进入特效。

附录A Adobe Premiere Pro CS6常用视频转场特效

这种特效用于产生随着一段素材的逐渐拉大,另一段素材逐渐淡出的效果,如图 A-47 所示。

图 A-46 伸展特效

图 A-47 伸展进入特效

(4)伸展覆盖特效。

这种特效用于产生一段素材从位于另一段素材的中间的一条线拉大后遮住另一段素材的效果,如图 A-48 所示。

9. 擦除转场特效

(1)带状擦除特效。

这种特效用于产生一段素材以带状划入逐渐取代另一段素材的效果。该效果与带状滑动特效的效果相似但不相同,划变过渡时两路过渡的素材在画面中均不移动,如图 1-49 所示。

(2)双侧平推门特效。

这种特效用于产生一段素材像门一样打开或关闭,随之展现出另一段素材的效果,如图 A-50 所示。

图 A-48 伸展覆盖特效

图 A-49 带状擦除特效

图 A-50 双侧平推门特效

(3)棋子划变特效。

这种特效用于产生一段素材下面的另一段素材以棋子的形式逐渐展示出来的效果,如图 A-51 所示,这种效果中棋子的多少和方向是可以调整的。

(4)棋盘特效。

这种特效用于产生一段素材下面的另一段素材以方格棋盘的形式展示出来的效果，如图 A-52 所示，这种效果中棋盘格数的多少和方向是可以调整的。

图 A-51　棋子划变特效

图 A-52　棋盘特效

（5）时钟式划边特效。

这种特效用于产生一段素材以顺时针或者逆时针方向转动，从而覆盖另一段素材的效果，如图 A-53 所示。

（6）渐变擦除特效。

这种特效用于产生两段素材依据所选择的图形的灰度进行渐变的效果，如图 A-54 所示。

图 A-53　时钟式划边特效

图 A-54　渐变擦除特效

（7）插入特效。

这种特效用于产生一段素材从另一段素材的角上以方形划变出现的效果，如图 A-55 所示。

（8）油漆飞溅特效。

这种特效用于产生一段素材在另一段素材上以涂料的点形逐渐过渡的效果，如图 A-56 所示。

（9）风车特效。

这种特效用于产生在一段素材在另一段素材上以风车叶轮转动的形式逐渐出现的效果，如图 A-57 所示。

（10）径向划变特效。

这种特效用于产生一段素材从另一段素材的 4 个角之一以放射线的形式划过另一段素材的效果，如图 A-58 所示。

附录A　Adobe Premiere Pro CS6常用视频转场特效

图 A-55　插入特效

图 A-56　油漆飞溅特效

图 A-57　风车特效

图 A-58　径向划变特效

（11）随机块特效。

这种特效用于产生一段素材在另一段素材上以自由碎块的形式逐渐出现的效果，如图 A-59 所示。

（12）随机擦除特效。

这种特效用于产生一段素材以自由边界碎块组成的边界形式划入另一段素材的效果，如图 1-60 所示。

图 A-59　随机块特效

图 A-60　随机擦除特效

（13）螺旋盒特效。

这种特效用于产生一段素材在另一段素材上以螺旋盒的形状逐渐出现的效果，如图 A-61 所示。

（14）百叶窗特效。

这种特效用于产生位于百叶窗窗帘上的一段素材在水平或者垂直方向上以百叶窗窗帘的形式显示出来的效果，如图 A-62 所示。

图 A-61　螺旋盒特效

图 A-62　百叶窗特效

（15）楔形划变特效。

这种特效用于产生一段素材从另一段素材的中心以楔形旋转划过的效果，如图 A-63 所示。

（16）擦除特效。

这种特效用于产生一段素材以水平、垂直或者斜向划变到另一段素材的效果，如图 A-64 所示。

图 A-63　楔形划变特效

图 A-64　擦除特效

（17）水波块特效。

这种特效用于产生一段素材以之字形碎块的形式出现在另一段素材上的效果，如图 A-65 所示。

10．缩放转场特效

（1）交叉缩放特效。

这种特效用于产生随着一段素材的放大，另一段素材逐渐缩小而显示的效果，如图 A-66 所示。

（2）缩放特效。

这种特效用于产生一段素材从另一段素材的中心以方形放大以至完全取代另一段素材的效果，如图 A-67 所示，这种效果中开始放大的位置是

图 A-65　水波块特效

附录A　Adobe Premiere Pro CS6常用视频转场特效

可以调整的。

图 A-66　交叉缩放特效

图 A-67　缩放特效

（3）缩放框特效。

这种特效用于产生一段素材以多方块的形式从另一段素材上放大而出的效果，如图 A-68 所示。

（4）缩放拖尾特效。

这种特效用于产生一段素材从画面的中心带着拖尾逐渐缩小，从而显示出另一段素材的效果，如图 1-69 所示。

图 A-68　缩放框特效

图 A-69　缩放拖尾特效

附录 B

Adobe Premiere Pro CS6 常用视频特效

1. 调整类视频特效

调整类视频效果主要设置卷积内核、基本信号控制、提取、照明效果、自动对比度、自动色阶、自动颜色、色阶、阴影/高光 9 种特效。其面板如附图 B-1 所示。

（1）卷积内核特效。

卷积内核特效是根据特定的数学公式对素材进行处理。其参数面板如附图 B-2 所示。参数含义如下。

附图 B-1　调整类视频特效面板

附图 B-2　卷积内核特效的参数面板

- M11、M12、M13：1 级调节素材像素的明暗、对比度。
- M21、M22、M23：2 级调节素材像素的明暗、对比度。
- M31、M32、M33：3 级调节素材像素的明暗、对比度。
- "偏移"：设置混合的偏移程度。
- "缩放"：设置混合的对比比例程度。

- "处理 Alpha"：将素材的 Alpha 通道计算在内。

（2）基本信号控制特效。

基本信号控制特效调整素材的亮度、对比度、色相、饱和度。其参数面板如图 B-3 所示。

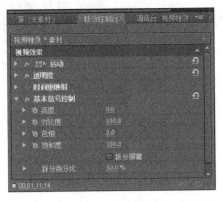

图 B-3　基本信号控制特效的参数面板

参数含义如下。
- "亮度"：设置素材的明亮程度。
- "对比度"：设置素材的对比程度，图 B-4 和图 B-5 所示，分别是对比度为 50 和 100 的对比效果。

图 B-4　对比度为 50 的对比效果

图 B-5　对比度为 100 的对比效果

- "色相"：调整图像的色相。
- "饱和度"：调整图像的饱和度。
- "拆分屏幕"：进行屏幕拆分。
- "拆分百分比"：调整分割屏幕的百分比。

（3）提取特效。

提取特效是消除素材的颜色，并创建一个灰度图像。其参数面板如图 B-6 所示。参数含义如下。

- "输入黑色阶"：设置图像中黑色的比例。
- "输入白色阶"：设置图像中白色的比例。

图 B-6　提取特效的参数面板

- "柔和度"：设置图像的灰度，图 B-7 和图 B-8 所示分别是柔和度为 0 和 100 的对比效果。

217

图 B-7　柔和度为 0 的对比效果　　　　　图 B-8　柔和度为 100 的对比效果

（4）照明效果特效。

照明效果是为素材添加灯光照明效果。其参数面板如图 B-9 所示。参数含义如下。

- "光照 1"：光照效果，光照 2、3、4、5 也相同，可同时添加多个光照。光照参数设置均相同。
  - "环境照明色"：周围环境的颜色。
  - "环境照明强度"：周围环境光的强度。
  - "表面光泽"：表面的光泽强度。
  - "表面质感"：表面的材质效果。
  - "曝光度"：灯光的曝光大小。
  - "凹凸层"：产生浮雕的轨道。
  - "凹凸通道"：产生浮雕的通道。
  - "凹凸高度"：浮雕的高度。
  - "白色部分凸起"：反转浮雕的方向。

（5）自动对比度特效。

自动对比度特效是对素材进行自动对比度调节。其参数面板如图 B-10 所示。参数含义如下。

图 B-9　照明效果特效的参数面板　　　　图 B-10　自动对比度特效的参数面板

- "瞬时平滑（秒）"：设置平滑的时间。
- "场景检测"：自动侦测到每个场景并进行对比度处理。
- "减少黑色像素"：设置暗部的百分比。

- "减少白色像素":设置亮部的百分比。
- "与原始图像混合":设置素材间的混合程度。

(6)自动色阶特效。

自动色阶特效是对素材进行自动色阶调节。其参数面板如图 B-11 所示。参数含义如下。

- "瞬时平滑":设置平滑的时间。
- "场景检测":自动侦测到每个场景并进行色阶处理。
- "减少黑色素":设置暗部的百分比。
- "减少白色素":设置亮部的百分比。
- "与原始图像混合":设置素材间的混合程度。

(7)自动颜色特效。

自动颜色特效是对素材进行自动色彩调节。其参数面板如图 B-12 所示。参数含义如下。

图 B-11 自动色阶特效的参数面板

图 B-12 自动颜色特效的参数面板

- "瞬时平滑":设置平滑的时间。
- "场景检测":自动侦测到每个场景并进行色彩处理。
- "减少黑色像素":设置暗部的百分比。图 B-13 和图 B-14 所示为设置减少黑色素数值分别是 0 和 10%时的对比效果。

图 B-13 减少黑色素数值为 0 的对比效果   图 B-14 减少黑色素数值为 10%的对比效果

- "减少白色像素":设置亮部的百分比。
- "对齐中性中间调":使颜色接近中间色。
- "与原始图像混合":设置素材间的混合程度。

(8)色阶特效。

色阶特效是将亮度、对比度、色彩平衡等功能结合，可以对图像进行明度、中间色和暗色的调整。其参数面板如图 B-15 所示。参数含义如下。

- "输入黑色阶"：设置图像中黑色的比例。
- "输入白色阶"：设置图像中白色的比例。
- "输出黑色阶"：设置图像中黑色的亮度。
- "输出白色阶"：设置图像中白色的亮度。
- "灰度系数"：设置灰度级。

（9）阴影/高光特效。

阴影/高光特效可以调整素材的阴影、高光部分。其参数面板如图 B-16 所示。参数含义如下。

图 B-15　色阶特效的参数面板

图 B-16　阴影/高光特效的参数面板

- "自动数量"：勾选该复选框，对素材进行自动阴影和高光的调整。
- "阴影数量"：设置阴影的数量。
- "高光数量"：设置高光的数量。
- "瞬时平滑（秒）"：可以设置时间滤波的秒数。
- "场景检测"：进行场景检测。
- "更多选项"：可对阴影和高光的数量、范围、宽度、色彩进行细致修改。
- "与原始图像混合"：与原来初始状态的混合。

2．模糊与锐化类视频特效

模糊与锐化类视频特效包含消除锯齿、摄像机模糊、通道模糊、锐化等模糊和锐化的 10 种特效。其面板如图 B-17 所示。

（1）消除锯齿。

消除锯齿特效可以使暗部与亮部之间的过渡显得更自然。其参数面板如图 B-18 所示。

附录B　Adobe Premiere Pro CS6常用视频特效

图 B-17　模糊与锐化类视频特效

图 B-18　消除锯齿特效的参数面板

消除锯齿特效没有参数选项。图 B-19 和图 B-20 所示为添加消除锯齿特效的对比效果。

图 B-19　消除锯齿前的效果

图 B-20　消除锯齿后的效果

（2）摄像机模糊特效。

摄像机模糊特效模拟摄像机变焦拍摄时产生的图像模糊效果，其参数面板如图 B-21 所示。参数含义如下。

"比模糊百分"：设置摄像机的模糊程度。

（3）通道模糊特效。

通道模糊特效模糊单独的红、绿、蓝、Alpha 通道并进行处理，使素材产生特殊的效果。其参数面板如图 B-22 所示。

图 B-21　摄像机模糊特效的参数面板

图 B-22　通道模糊特效的参数面板

参数含义如下。
- "红色模糊度"：设置红色通道的模糊程度。
- "绿色模糊度"：设置绿色通道的模糊程度。
- "蓝色模糊度"：设置蓝色通道的模糊程度。
- "Alpha 模糊度"：设置 Alpha 通道的模糊程度。

- "边缘特性"：勾选"重复边缘像素"复选框，对材料的边缘进行像素模糊处理。
- "模糊方向"：包括水平、垂直和水平与垂直方向的模糊。

（4）方向模糊。

方向模糊特效是按设置的方向进行模糊。其参数面板如图 B-23 所示。参数含义如下。

- "方向"：设置模糊的方向。
- "模糊长度"：设置模糊的程度。

（5）快速模糊特效。

快速模糊特效是按设定的模糊处理方式，快速对素材进行模糊处理。其参数面板如图 B-24 所示。

图 B-23　方向模糊特效的参数面板

图 B-24　快速模糊特效的参数面板

参数含义如下。

- "模糊量"：设置模糊的强度，图 B-25 和图 B-26 所示分别是模糊为 0 和 25 的对比效果。

图 B-25　模糊为 0 的效果

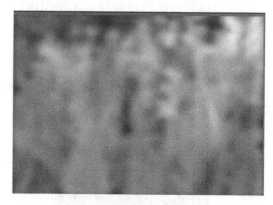

图 B-26　模糊为 25 的效果

- "模糊量"：包括水平与垂直、水平、垂直。
- "重复边缘像素"：对图像的边缘进行像素模糊。

（6）高斯模糊特效。

高斯模糊特效可以模糊和柔化图像，达到消除噪点的效果。其参数面板如图 B-27 所示。参数含义如下。

- "模糊度"：设置高斯模糊的强度。
- "模糊方向"：包括水平、垂直和水平与垂直方向模糊。
- "重复边缘像素"：对图像的边缘进行像素模糊。

(7) 残像特效。

残像特效只对素材中运动的元素进行模糊处理，对固定的元素不做任何处理。其参数面板如图 B-28 所示。

图 B-27　高斯模糊特效的参数面板

图 B-28　残像特效的参数面板

残像特效没有参数选项，图 B-29 和图 B-30 所示为未添加和添加残像特效的对比效果。

图 B-29　未添加残像特效的效果

图 B-30　添加残像特效的效果

(8) 锐化特效。

锐化特效是增加相邻色彩的对比度，从而提高清晰度。其参数面板如图 B-31 所示。

"锐化数量"：设置素材锐化的强度。

(9) 非锐化遮罩特效。

非锐化遮罩特效是增加定义边缘颜色之间的对比。其参数面板如图 B-32 所示。

图 B-31　锐化特效的参数面板

图 B-32　非锐化遮罩特效的参数面板

参数含义如下。
- "数量"：设置锐化的强度。
- "半径"：设置锐化的像素半径，图 B-33 和图 B-34 所示，分别是半径为 1 和 150 的对比效果。

图 B-23　半径为 1 的效果　　　　　　图 B-24　半径为 150 的效果

- "阈值"：设置锐化的容量差。

3. 通道类视频特效

通道类视频特效可以制作出计算、混合、算法、复合算法、反转等效果，其面板如图 B-35 所示。

（1）算法特效。

算法特效可调节 RGB 通道的值，从而产生素材效果。其参数面板如图 B-36 所示。参数含义如下。

图 B-35　通道类视频特效的面板　　　图 B-36　算法特效的参数面板

- "操作符"：选择混合运算的数学方式。
- "红色值"：设置红色通道的混合程度。
- "绿色值"：设置绿色通道的混合程度。
- "蓝色值"：设置蓝色通道的混合程度。
- "剪切"：裁剪多余的混合信息。

（2）混合特效。

混合特效是用一个指定的轨道与原素材进行混合。其参数面板如图 B-37 所示。参数含义如下。

- "与图层混合"：指定要混合的第二个素材。
- "模式"：设置混合的计算方式。

图 B-37　混合特效的参数面板

- "与原始图像混合"：设置透明度，图 B-38 和图 B-39 所示分别是与原始图像混合为 50%和 100%的对比效果。

图 B-38　与原始图像混合为 50%的效果

图 B-39　与原始图象混合为 100%的效果

- "如果图层大小不同"：设置指定的素材层与原素材层大小不同时，可选择"伸展至适合"选项。

（3）计算特效。

"计算"特效是素材的通道与原素材的通道进行混合。其参数面板，如图 B-40 所示。参数含义如下。

- "输入通道"：输入混合操作提取和使用的通道。
- "反相输入"：反转剪辑效果之前提取的指定通道信息。
- "二级源"：视频轨道与计算融合了原始剪辑。
- "二级图层"：选择素材。
- "二级图层通道"：混合输入通道的通道。
- "二级图层透明度"：第二个视频轨道的透明度。
- "反相二级图层"：反转指定素材的通道。
- "伸展二级图层以适配"：当指定素材层与原素材层大小不同时，可伸展适配。
- "混合模式"：设置混合的模式。
- "保留透明度"：确保不修改原图层的 Alpha 通道。

图 B-40　计算特效的参数面板

（4）复合算法特效。

复合算法特效用于一个指定的视频轨道与原素材的通道进行混合。其参数面板如图 B-41 所示。参数含义如下。

- "二级源图层"：指定要混合的第二个素材。
- "操作符"：设置混合的计算方式。
- "在通道上操作"：指定通道的应用效果。
- "溢出特性"：设置混合失败后所采取的处理方式。
- "伸展二级源以适配"：二级源素材自动调整大小以匹配。

"与原始图像混合"：第二素材与原素材的混合百分比。

（5）反转特效。

反转特效是反转素材的通道。其参数面板如图 B-42 所示。参数含义如下。

图 B-41　复合算法特效的参数面板　　　　图 B-42　反转特效的参数面板

- "通道"：设置要反转的颜色通道。
- "与原始图像混合"：设置反转通道后与原素材的混合百分比。图 B-43 和图 B-44 所示分别是与原始图像混合为 0 和 100%的对比效果。

图 B-43　与原始图像混合为 0 的效果　　　　图 B-44　与原始图像混合为 100%的效果

（6）设置遮罩特效。

设置遮罩特效是用指定素材的通道作为遮罩与原素材进行混合。其参数面板如图 B-45 所示。参数含义如下。

- "从图层获取遮罩"：指定遮罩的获取层。
- "用于遮罩"：伸展作为遮罩的混合通道。
- "反相遮罩"：反转指定的遮罩。
- "伸展遮罩以适配"：如果蒙板与素材层大小不同，则可以选择"拉伸至适合"选项。
- "将遮罩与原始图像合成"：用指定的蒙板与原素材混合。
- "预先进行遮罩图层正片叠底"：将遮罩图层正片叠加。

（7）固态合成特效。

固态合成特效是快速将原素材的通道与指定的一种颜色值进行混合。其参数面板如图 B-46 所示。参数设置如下。

附录B　Adobe Premiere Pro CS6常用视频特效

图 B-45　设置遮罩特效的参数面板

图 B-46　固态合成特效的参数面板

- "源透明度"：设置原素材的不透明度。图 B-47 和图 B-48 所示，分别是设置源透明度为 50%和 100%时的对比效果。
- "颜色"：设置合成混合的颜色。
- "透明度"：设置颜色的不透明度。
- "混合模式"：设置颜色与原素材的混合模式。

图 B-47　源透明度为 50%时的效果

图 B-48　源透明度为 100%时的效果

4．扭曲类视频特效

扭曲类视频特效可以制作出弯曲、边角固定、镜头扭曲、放大等扭曲变形效果。其面板如图 B-49 所示。

（1）偏移特效。

偏移特效是将素材进行位置上的移动。其参数面板如图 B-50 所示。参数定义如下。

图 B-49　扭曲类视频特效面板

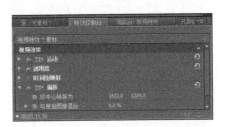

图 B-50　偏移特效参数面板

227

- "将中心转换为"：调整中心点的坐标位置。
- "与原始图像混合"：设置混合特效与原图像间的混合。

（2）变换特效。

变换对图像的锚点、位置、尺寸、透明度、倾斜度和快门角度等进行综合调整。其参数面板如图 B-51 所示。参数设置如下。

- "定位点"：设置图像的定位中心坐标。
- "位置"：设置图像的位置坐标。
- "统一缩放"：素材按等比例缩放。
- "缩放高度"：设置图像的缩放高度。
- "缩放宽度"：设置图像的缩放宽度。
- "倾斜"：设置图像的倾斜度。
- "倾斜轴"：设置倾斜的轴向。
- "旋转"：设置素材旋转。
- "透明度"：设置素材的透明程度。
- "使用合成的快门角度"：使用合成的快门角度。
- "快门角度"：设置快门角度。

图 B-51　变换特效的参数面板

（3）弯曲特效。

弯曲特效是素材在水平和垂直方向上产生波浪形状的扭曲。其参数面板如图 B-52 所示。参数含义如下。

- "水平速率"：设置水平方向的弯曲频率。
- "水平宽度"：设置水平方向的弯曲宽度。
- "垂直强度"：设置垂直方向的弯曲强度。
- "垂直速率"：设置垂直方向的弯曲频率。
- "垂直宽度"：设置垂直方向的弯曲宽度。

单击特效右侧的按钮，弹出"弯曲设置"对话框，如图 B-53 所示。

图 B-52　弯曲特效的参数面板

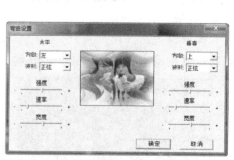

图 B-53　"弯曲设置"对话框

- "水平强度"：设置水平方向的弯曲强度。图 B-54 和图 B-55 所示分别是水平强度为 0 和 50 的对比效果。

图 B-54 水平强度为 0 的效果　　　　图 B-55 水平强度为 50 的效果

（4）旋转扭曲特效。

旋转扭曲特效是素材产生一种沿指定中心旋转变形的效果。其参数面板如图 B-56 所示。参数含义如下。

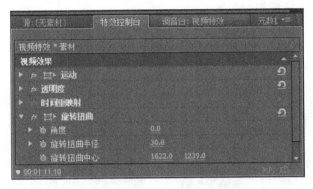

图 B-56　旋转扭曲特效的参数面板

● "角度"：设置素材旋转的角度。图 B-57 和图 B-58 所示分别是设置角度为 0 和 100°的对比效果。

图 B-57　设置角度为 0 的效果　　　　图 B-58　设置角度为 100°的效果

● "旋转扭曲半径"：设置素材旋转的半径。
● "旋转扭曲中心"：设置素材旋转中心点的坐标位置。

（5）波形弯曲特效。

波形弯曲特效是使素材产生一种类似波浪的扭曲效果。其参数面板如图 B-59 所示。参数含义如下。

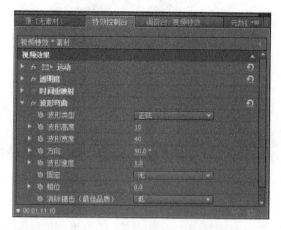

图 B-59　波形弯曲特效的参数面板

- "波形类型"：选择波形的形状。
- "波形高度"：设置波形的高度。
- "波形宽度"：设置波形的宽度。图 B-60 和图 B-61 所示分别是波形宽度为 20 和 100 的对比效果。

图 B-60　波形宽度为 20 的效果　　　图 B-61　波形宽度为 100 的效果

- "方向"：设置波形的方向。
- "波形速度"：设置产生波形速度的大小。
- "固定"：可选择固定的形式。
- "相位"：设置波形的位置。
- "消除锯齿（最佳品质）"：可选择素材的抗锯齿质量。

（6）滚动快门修复特效。

滚动快门修复特效的功能有助于消除滚动快门伪影。其参数面板如图 B-62 所示。参数含义如下。

- "滚动快门速率"：卷帘快门的速率百分比。
- "场景检测"：扫描方向包括从上到下、从下到上、从左到右和从右到左。
- "高级"：高级选项。
- "方式"：包括扭曲和像素运动。

- "详细分析":是否开启详细分析。
- "像素运动详情":像素运动详情的百分比。

(7) 球面化特效。

球面化特效可以使素材产生球形的变形效果。其参数面板如图 B-63 所示。参数含义如下。

图 B-62　滚动快门修复特效的参数面板

图 B-63　球面化特效的参数面板

- "半径":设置变形球体的半径。图 B-64 和图 B-65 所示,分别是半径为 0 和 500 的对比效果。

图 B-64　半径为 0 的效果

图 B-65　半径为 500 的效果

- "球面中心":设置变形球体中心点的坐标。

(8) 紊乱置换特效。

紊乱置换特效可使素材产生不规则的变形效果。其参数面板如图 B-66 所示。参数含义如下。

- "置换":选择一种置换变形。
- "数量":设置变形的数量。
- "大小":设置变形的大小程度。
- "偏移(湍流)":设置变形的坐标位置。
- "复杂度":设置变形的复杂程度。
- "演化":设置变形程度。
- "固定":选择固定的形式。
- "消除锯齿":可选择图形的抗锯齿质量。

(9) 边角固定特效。

边角固定特效是调整图像的 4 个边角坐标位置对图像进行透视扭曲。其参数面板如图 B-67 所示。参数含义如下。

图 B-66　紊乱置换特效的参数面板

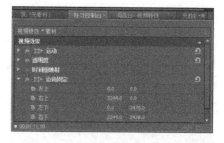

图 B-67　边角固定特效的参数面板

- "（左上）"、"（右上）"、"（左下）"、"（右下）"分别是 4 个角的坐标设置。

（10）镜像特效。

镜像特效是使素材产生类似放大镜的扭曲变形效果。其参数面板如图 B-68 所示。参数含义如下。

- "反射中心"：调整反射中心点的坐标位置。
- "反射角度"：调整反射角度。

（11）镜头扭曲特效。

镜头扭曲特效是让画面沿水平和垂直轴向扭曲变形。其参数面板如图 B-69 所示。参数含义如下。单击右侧的按钮，弹出"镜头扭曲设置"对话框，如图 B-70 所示。

图 B-68　镜像特效的参数面板

- "弯度"：设置透镜的弯度。
- "垂直/水平偏移"：图像在垂直/水平方向上偏离透镜原点的程度。图 B-71 和图 B-72 所示，分别是水平偏移为 0 和 70 的对比效果。

图 B-69　镜头扭曲特效的参数面板

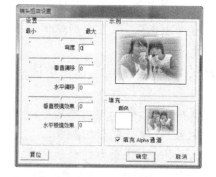

图 B-70　镜头扭曲设置窗口

- "垂直/水平棱镜效果"：图像在垂直/水平方向上的扭曲程度。
- "填充颜色"：图像偏移过度时背景呈现的颜色。

 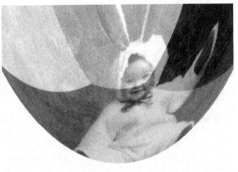

图 B-71　水平偏移为 0 的效果　　　　图 B-72　水平偏移为 70 的效果

5. 生成类视频特效

生成类视频特效主要是对素材进行生成镜头光晕、闪电等 12 种特效。其面板如图 B-73 所示。

（1）四色渐变特效。

四色渐变特效可以在素材上通过调节透明度和叠加的方式，产生特殊的 4 色渐变效果。其参数面板如图 B-74 所示。参数含义如下。

 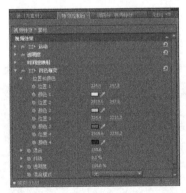

图 B-73　生成类视频特效面板　　　　图 B-74　四色渐变特效参数面板

- "位置和颜色"：设置颜色点的位置和颜色。
- "混合"：设置渐变的 4 种颜色的混合比例。
- "抖动"：设置颜色变化的百分比。
- "透明度"：设置渐变层的透明度。
- "混合模式"：设置渐变层与素材的混合方式。图 B-75 和图 B-76 所示分别是混合模式为强光和柔光的对比效果。

（2）蜂巢图案特效。

蜂巢图案特效可以在素材上添加蜂巢图案，并设置成静态或动态的背景纹理和图案。其参数面板如图 B-77 所示。参数含义如下。

- "单元格图案"：设置单元格图案的样式。
- "反相"：蜂巢颜色间反转。
- "对比度"：设置锐化值。
- "溢出"：设置蜂巢图案溢出部分的方式。

- "分散":设置蜂巢图案的分散程度。
- "大小":设置蜂巢图案的大小。
- "偏移":设置蜂巢图案的坐标位置。
- "拼贴选项":设置蜂巢图案水平与垂直的单元数量。
- "演化":设置蜂巢图案的运动角度。
- "演化选项":设置蜂巢图案的运动参数。

图 B-75　混合模式为强光的效果

图 B-76　混合模式为柔光的效果

（3）棋盘特效。

棋盘特效可以在视频素材上添加，产生特殊矩形的棋盘效果。其参数面板如图 B-78 所示。参数含义如下。

图 B-77　蜂巢图案特效的参数面板

图 B-78　棋盘特效的参数面板

- "定位点":设置棋盘格的坐标位置。
- "从以下位置开始的大小":设置棋盘格的大小，包括棋盘格的角点、宽度滑块、宽度和高度滑块。
- "边角":设置棋盘格的边角位置和大小。
- "宽度":设置棋盘格的宽度。图 B-79 和图 B-80 所示，分别是宽度为 20 和 100 的对比效果。

附录B　Adobe Premiere Pro CS6常用视频特效

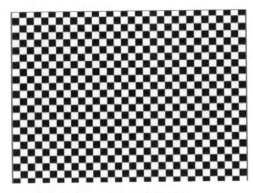

图 B-79　宽度为 20 的效果　　　　图 B-80　宽度为 100 的效果

- "高度"：设置棋盘格的高度。
- "羽化"：设置格子之间的羽化值。
- "颜色"：设置格子填充的颜色。
- "透明度"：设置棋盘格的透明度。
- "混合模式"：设置棋盘格和原素材的混合程度。

（4）圆特效。

圆特效可以在素材上通过添加一个圆形，并对其半径、羽化、混合模式等参数进行调节产生特殊效果。其参数面板如图 B-81 所示。参数含义如下。

- "居中"：设置圆形的中心坐标位置。
- "半径"：设置圆形的半径。
- "边缘"：设置并联的边缘半径、厚度、厚度*半径、厚度和羽化*半径参数。
- "羽化"：设置边缘的羽化程度。
- "反向圆形"：反转圆形在素材中的区域。
- "颜色"：设置圆形的颜色。
- "透明度"：设置圆形的透明度。
- "混合模式"：设置圆形和素材的混合模式。

（5）椭圆特效。

"椭圆"特效是在素材视频上添加一个椭圆，通过调节它的大小、透明度、混合程度等产生的效果。其参数面板如图 B-82 所示。参数含义如下。

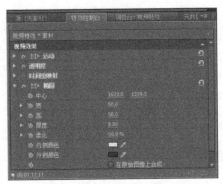

图 B-81　圆特效的参数面板　　　　图 B-82　椭圆特效的参数面板

235

- "中心"：设置椭圆的坐标位置。
- "宽"：设置椭圆的宽度。
- "高"：设置椭圆的高度。
- "厚度"：设置椭圆的厚度。
- "柔化"：设置椭圆边缘的柔化程度。
- "内侧颜色"：设置线条内侧的颜色。
- "外侧颜色"：设置线条外侧的颜色。

（6）吸色管填充特效。

吸色管填充特效是利用视频素材中的颜色，再对素材进行填充修改，可调整素材的整体色调。其参数面板如图 B-83 所示。参数含义如下。

- "取样点"：设置颜色的取样点。
- "取样半径"：设置颜色的取样半径。
- "平均像素颜色"：设置平均像素颜色的方式。
- "保持原始 Alpha"：勾选此复选框，保持原素材的 Alpha。
- "与原始图像混合"：设置填充色和原素材的混合。

（7）网格特效。

网格特效可以为素材添加网格效果。其参数面板如图 B-84 所示。参数含义如下。

- "定位点"：设置网格的坐标位置。
- "从以下位置开始的大小"：设置并联的 3 个选项，包括角点、宽度滑块、宽度和高度滑块，并产生不同的并联选项。
- "边角"：设置网格的边角位置。
- "宽度"：设置网格的宽度。
- "高度"：设置网格的高度。
- "边框"：设置网格的粗细。图 B-85 和图 B-86 所示分别是边框为 5 和 30 的对比效果。

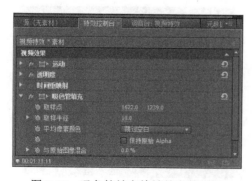

图 B-83　吸色管填充特效的参数面板

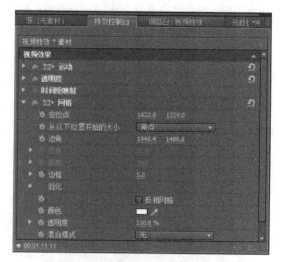

图 B-84　网格特效的参数面板

图 B-85　边框为 5 的效果　　　　　图 B-86　边框为 30 的效果

- "羽化"：设置网格在内部和外部的羽化程度。
- "反相网格"：反转网格。
- "颜色"：设置网格的颜色。
- "透明度"：设置网格的透明度。
- "混合模式"：设置网格和素材的混合模式。

（8）镜头光晕特效。

镜头光晕特效可以模拟摄像机在强光照镜头下产生的镜头光晕效果。其参数面板如图 B-87 所示。参数含义如下。

- "光晕中心"：设置镜头光晕中心的坐标位置。
- "光晕亮度"：设置镜头光晕的亮度。
- "镜头类型"：设置镜头类型，包括 3 种透镜焦距，即 50-300 毫米变焦、35 毫米定焦、1105 毫米定焦。
- "与原始图像混合"：设置镜头光晕特效和原始素材的混合比例。

（9）闪电特效。

闪电特效是在素材上模拟闪电划过的效果。其参数面板如图 B-88 所示。参数含义如下。

图 B-87　镜头光晕特效的参数面板

图 B-88　闪电特效的参数面板

- "起始点"：设置闪电起始发散的坐标位置。
- "结束点"：设置闪电结束的位置。
- "线段"：设置闪电主干上的线段数。线段数的多少和闪电的曲折成正比。
- "波幅"：设置闪电的分布范围。波幅越大，分布范围越广。
- "细节层次"：设置闪电的粗细。
- "细节波幅"：设置闪电在每个段上的复杂度。
- "分支"：设置主干上的分支数量。
- "再分支"：设置分支上的再分支数量。
- "分支角度"：设置闪电分支的角度。
- "分支线段长度"：设置闪电各分支的长度。
- "分支线段"：设置闪电分支的线段数。
- "分支宽度"：设置闪电分支的粗细。
- "速度"：设置闪电变化的速度。
- "稳定性"：设置闪电稳定的程度。
- "固定端点"：闪电的结束点固定在某一坐标上。
- "宽度"：设置主干和分支的整体的粗细。
- "宽度变化"：设置闪电粗细的宽度随机变化。
- "核心宽度"：设置闪电的中心宽度。
- "外部颜色"：设置闪电的外边缘的发光颜色。
- "内部颜色"：设置闪电内部的填充颜色。
- "拉力"：设置闪电推拉力的强度。
- "拉力方向"：设置闪电的拉力方向。
- "随机植入"：设置闪电的随机变化。
- "混合模式"：设置闪电特效和原素材的混合模式。
- "模拟"：设置闪电的变化，勾选"在每一帧处重新运行每帧"复选框，可重新对闪电的值进行设置。

（10）油漆桶特效。

油漆桶特效是为所指定的区域填充颜色。其参数面板如图 B-89 所示。参数含义如下。

- "填充点"：用来设置填充颜色的区域。
- "填充选取器"：设置颜色填充的形式。
- "宽容度"：设置填充区域颜色的容差度。图 B-90 和图 B-91 所示分别是容差度为 0 和 50 的对比效果。
- "描边"：设置画笔的类型。
- "颜色"：设置填充的颜色。
- "透明度"：设置填充颜色的透明度。
- "混合模式"：设置填充的颜色和原素材的混合。

图 B-89　油漆桶特效的参数面板

附录B　Adobe Premiere Pro CS6常用视频特效

图 B-90　容差为 0 的效果　　　　　　图 B-91　容差为 50 的效果

（11）渐变特效。

渐变特效可以在素材上制作出渐变效果。其参数面板如图 B-92 所示。参数含义如下。

- "渐变起点"：设置渐变开始的位置。
- "起始颜色"：设置渐变开始时的颜色。
- "渐变终点"：设置渐变结束时的位置。
- "结束颜色"：设置渐变结束的颜色。
- "渐变形状"：设置渐变的形式，可以为线性或者放射性。
- "渐变扩散"：设置渐变的扩散程度。
- "与原始图像混合"：设置渐变和原素材的混合程度。

（12）书写特效。

书写特效可以制作出画笔绘制的曲线效果。其参数面板如图 B-93 所示。参数含义如下。

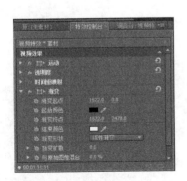
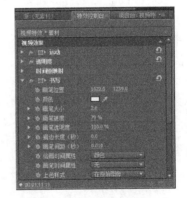

图 B-92　渐变特效的参数面板　　　　图 B-93　书写特效的参数面板

- "画笔位置"：设置画笔的位置。
- "颜色"：设置画笔的颜色。
- "画笔大小"：设置画笔的粗细。
- "画笔硬度"：设置笔刷的硬度。
- "画笔透明度"：设置笔刷的透明度。
- "描边长度（秒）"：设置笔触在素材上停留的时长。

239

- "画笔间隔(秒)":设置笔触之间的时间间隔。
- "绘画时间属性":设置笔触间的色彩模式。
- "画笔时间属性":设置笔触间的硬度模式。
- "上色样式":设置笔触与原素材的混合模式。

6. 杂波和颗粒类视频特效

杂波和颗粒类视频效果中的滤镜以 Alpha 为通道,以 HLS 为条件,对素材应用不同效果的颗粒和划痕效果。该面板共包含 6 种特效,其面板如图 B-94 所示。

(1)灰尘与划痕特效。

灰尘与刮痕特效是在素材上添加灰尘与划痕,通过调节半径和阈值设置视觉效果。其参数面板如图 B-95 所示。参数含义如下。

图 B-94 杂波和颗粒类视频特效的面板

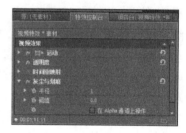

图 B-95 灰尘与划痕特效的参数面板

- "半径":设置灰尘与划痕颗粒的半径值。
- "阈值":设置灰尘与划痕颗粒的色调容差值。
- "在 Alpha 通道上操作":效果应用于 Alpha 通道。

(2)中值特效。

中值特效对画面颜色进行虚化处理。其参数面板如图 B-96 所示。参数含义如下。

- "半径":设置虚化像素的大小。图 B-97 和图 B-98 所示分别是半径为 0 和 30 的对比效果。

图 B-96 中值特效的参数面板

图 B-97 半径为 0 的效果

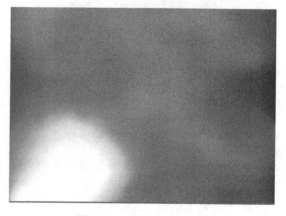

图 B-98 半径为 30 的效果

- "在 Alpha 通道上操作":该效果应用于 Alpha 通道。

(3)杂波特效。

杂波特效使画面添加颗粒杂波点。其参数面板如图 B-99 所示。参数含义如下。
- "杂波数量"：设置杂波的数量。
- "杂波类型"：勾选"使用杂波"复选框时，产生彩色颗粒杂波。
- "剪切"：勾选"剪切结果值"复选框时，杂波叠加在素材之上。

（4）杂波 Alpha 特效。

杂波 Alpha 特效是依据 Alpha 通道，对素材应用不规则的颗粒效果。其参数面板如图 B-100 所示。参数含义如下。

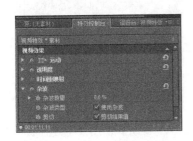
图 B-99　杂波特效的参数面板

图 B-100　杂波 Alpha 特效的参数面板

- "杂波"：设置杂波的类型。
- "数量"：设置杂波的数量。图 B-101 和图 B-102 所示，分别是数量为 0 和 100%的对比效果。

图 B-101　数量为 0 的效果

图 B-102　数量为 100%的效果

- "原始 Alpha"：设置杂波影响素材的方式。
- "溢出"：设置素材中颗粒溢出后所采取的处理方式，包括剪切、折回、包裹。
- "随机植入"：设置颗粒的初始随机角度。
- "杂波选项（动画）"：为颗粒指定动画效果，并设置动画的循环次数。

（5）杂波 HLS 特效。

杂波 HLS 特效可以依据 HLS 通道，对素材应用不规则的颗粒效果。其参数面板如图 2-103 所示。

- "杂波"：设置杂波的产生方式，包括统一、平方、杂点。
- "色相"：设置杂波在色调中生成的数量。
- "明度"：设置杂波在亮度通道的百分比。

- "饱和度"：设置杂波饱和度通道的百分比。
- "颗粒大小"：设置颗粒大小。
- "杂波相位"：设置杂波动画的变化速度。

（6）自动杂波 HLS 特效。

自动杂波 HLS 特效与杂波 HLS 特效基本相同。但其通过调节参数，可以自动生成杂波动画外效果。其参数面板如图 B-104 所示。参数含义如下。

图 B-103　杂波 HLS 特效的参数面板

图 B-104　自动杂波 HLS 特效的参数面板

- "杂波"：设置杂波的产生方式。
- "色相"：设置杂波在色调通道上生成的颗粒数量。图 B-105 和图 B-106 所示分别是色相为 0 和 30%的对比效果。

图 B-105　色相为 0 的效果

图 B-106　色相为 30%的效果

- "明度"：设置杂波在亮度通道的百分比。
- "饱和度"：设置杂波饱和度通道的百分比。
- "颗粒大小"：设置颗粒大小。
- "杂波动画速度"：设置杂点的随机值。

7. 透视类视频特效

透视类视频特效主要是给视频素材添加各种透视效果，包括基本 3D、斜面 Alpha、斜角边、投影、径向阴影 5 种特效。其面板如图 B-107 所示。

（1）基本 3D 特效。

基本 3D 特效是对素材进行旋转和倾斜的三维变换。其参数面板如图 B-108 所示。参数含义如下。

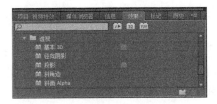 

图 B-107　透视类视频将效果的面板　　　　图 B-108　基本 3D 特效的参数面板

● "旋转"：设置素材旋转的角度。图 B-109 和图 B-110 所示分别是旋转为 0°和 20°的对比效果。

图 B-109　旋转为 0°的效果　　　　　　　图 B-110　旋转为 20°的效果

● "倾斜"：设置素材的倾斜程度。
● "与图像的距离"：设置素材拉近或推远的距离。
● "镜面高光"：设置素材上的反射高光效果。
● "预览"：勾选"绘制预选线框"复选框时，可以提高预览速度。

（2）斜面 Alpha 特效。

斜面 Alpha 特效在 Alpha 通道素材上产生立体效果。其参数面板如图 B-111 所示。参数含义如下。

图 B-111　斜面 Alpha 特效的参数面板

● "边缘厚度"：设置边缘的厚度。图 B-112 和图 B-113 所示分别是边缘厚度为 0 和 5 的对比效果。

图 B-112　边缘厚度为 0 的效果　　　　　图 B-113　边缘厚度为 5 的效果

● "照明角度"：设置灯光的角度。

- "照明颜色"：设置灯光的颜色。
- "照明强度"：设置灯光的强度。

（3）斜角边特效。

斜角边特效可以在素材上产生立体效果，并只能对矩形的图像形状应用，不能在带有 Alpha 通道的图像上应用。其参数面板如图 B-114 所示。参数含义如下。

- "边缘厚度"：设置边缘的厚度。
- "照明角度"：设置灯光的角度。
- "照明颜色"：设置灯光的颜色。
- "照明强度"：设置灯光的强度。

（4）投影特效。

投影特效可以为素材添加阴影效果。其参数面板如图 B-115 所示。参数含义如下。

图 B-114 斜角边特效的参数面板

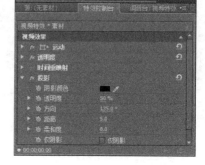

图 B-115 投影特效的参数面板

- "阴影颜色"：设置阴影的颜色。
- "透明度"：设置阴影的透明度。
- "方向"：设置阴影的方向。
- "距离"：设置阴影的距离。
- "柔和度"：设置阴影的柔化值。
- "仅阴影"：仅显示阴影。

（5）径向阴影特效。

径向阴影特效可以使一个三维层的影子投射到一个二维层。其参数面板如图 B-116 所示。参数含义如下。

- "阴影颜色"：设置阴影的颜色。
- "透明度"：设置阴影的透明度。
- "光源"：设置光源的位置。
- "投影距离"：设置阴影的投影距离。
- "柔和度"：设置阴影的柔化值。图 B-117 和图 B-118

图 B-116 径向阴影特效的参数面板

所示分别是柔化值为 0 和 50 的对比效果。

- "渲染"：设置阴影的渲染方式，包括正常和玻璃边缘。
- "颜色影响"：设置颜色对阴影的影响度。
- "仅阴影"：只显示阴影。
- "调整图层大小"：调整阴影图层的尺寸大小。

附录B　Adobe Premiere Pro CS6常用视频特效

图 B-117　柔化值为 0 的效果

图 B-118　柔化值为 50 的效果

8．风格化类视频特效

风格化类视频特效用于模拟一些实际的绘画效果，使图像产生丰富的视觉效果，包括 Alpha 辉光、笔触、彩色浮雕、浮雕、查找边缘、马赛克、色调分离、边缘粗糙、曝光过度、闪光灯、复制、阈值 13 种特效。其面板如图 B-119 所示。

（1）Alpha 辉光特效。

Alpha 辉光特效对含有 Alpha 通道的素材起作用，在通道的边缘部分产生渐变的辉光效果。其参数面板如图 B-120 所示。参数含义如下。

● "发光"：设置辉光的大小。

图 B-119　风格化类视频特效的面板

图 B-120　Alpha 辉光特效的参数面板

● "亮度"：设置发光的强度。
● "起始颜色"：设置辉光开始的颜色。
● "结束颜色"：设置辉光结束的颜色。
● "使用结束颜色"使用设置辉光结束的颜色。
● "淡出"：辉光会逐渐衰退或者起始颜色和结束颜色之间产生平滑的过渡。

（2）复制特效。

复制特效可以将素材横向和纵向复制并排列，产生大量相同的素材。其参数面板如图 B-121 所示。参数含义如下。

"计数"：设置素材的复制倍数。

（3）彩色浮雕特效。

彩色浮雕特效使素材产生彩色的浮雕效果。其参数面板如图 B-122 所示。参数含义如下。

图 B-121　复制特效的参数面板　　　　图 B-122　彩色浮雕特效的参数面板

- "方向"：设置浮雕方向。
- "凸现"：设置浮雕凸现的尺寸大小。图 B-123 和图 B-124 所示，分别是浮雕凸现大小为 0 和 10 的对比效果。

图 B-123　浮雕凸现大小为 0 的效果　　　图 B-124　浮雕凸现大小为 10 的效果

- "对比度"：设置浮雕的对比度。
- "与原始图像混合"：设置和原素材的混合。

（4）曝光过度特效。

曝光过度特效可以对素材进行曝光处理。其参数面板如图 B-125 所示。参数含义如下。

"阈值"：设置曝光的强度。

（5）材质特效。

材质特效是选择一个素材纹理与原素材合成的效果。其参数面板如图 B-126 所示。参数含义如下。

图 B-125　曝光过度特效的参数面板　　　图 B-126　材质特效的参数面板

- "纹理图层"：选择纹理的图层。
- "照明方向"：设置灯光的方向。
- "纹理对比度"：设置纹理的对比度。
- "纹理位置"：设置纹理的排列方式。

(6) 查找边缘特效。

查找边缘特效可以强化素材的边缘，从而产生素描的效果。其参数面板如图 B-127 所示。参数含义如下。

- "反相"：设置素材的反相效果。
- "与原图像混合"：设置和原图像的混合。

(7) 浮雕特效。

浮雕特效可以使素材成为灰色的浮雕。其参数面板如图 B-128 所示。参数含义如下。

图 B-127　查找边缘特效的参数面板

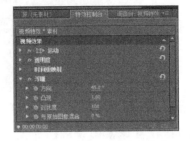

图 B-128　浮雕特效的参数面板

- "方向"：设置浮雕方向。
- "凸现"：设置浮雕的尺寸大小。
- "对比度"：设置浮雕的对比度。
- "与原图像混合"：设置和原素材的混合。

(8) 笔触特效。

笔触特效可以使素材产生类似水彩画的效果。其参数面板如图 B-129 所示。参数含义如下。

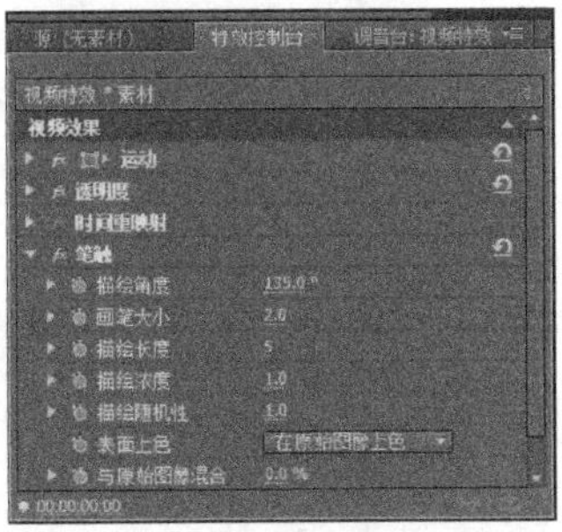

- "描绘角度"：设置笔触的角度。
- "画笔大小"：设置笔触的尺寸大小。
- "描绘长度"：设置每个笔触的长度大小。
- "描绘浓度"：设置笔触的密度。图 B-130 和图 B-131 所示分别是笔触密度为 0.1 和 1 的对比效果。
- "描绘随机性"：设置笔触的随机性。
- "表面上色"：设置笔触与画面的位置和绘画的进行方式。
- "和原始图像混合"：设置与原素材图像的混合百分比。

图 B-129　笔触特效的参数面板

图 B-130　笔触密度为 0.1 的效果

图 B-131　笔触密度为 1 的效果

（9）色调分离特效。

色调分离特效将素材中的颜色减小，产生颜色的分离效果。其参数面板如图 B-132 所示。参数含义如下。

图 B-132　色调分离特效的参数面板

"色阶"：设置像素的分层色阶。图 B-133 和图 B-134 所示分别是色阶为 7 和 20 的对比效果。

（10）边缘粗糙特效。

边缘粗糙特效是利用不规则的粗糙纹理与原素材合成的效果。其参数面板如图 B-135 所示。参数含义如下。

图 B-133　色阶为 7 的效果　　　　图 B-134　色阶为 20 的效果

- "边缘类型"：设置边缘的类型，包括粗糙化、毛色、剪切、尖刻、生锈、锈色、影印、彩色影印。
- "边缘颜色"：设置边缘的颜色。
- "边框"：设置边的大小。
- "边缘锐度"：设置分形纹理的复杂度。
- "不规则碎片影响"：设置不规则影响程度。
- "缩放"：设置缩放大小。
- "伸展宽度或高度"：设置宽度或高度的延伸程度数值。
- "偏移（湍流）"：设置效果的偏移。
- "复杂度"：设置复杂度的数值。
- "演化"：设置边缘的粗糙变化。
- "演化选项"：演变选项的设置。

(11) 闪光灯特效。

闪光灯特效可以在素材播放时模拟闪光灯的特殊效果。其参数面板如图 B-136 所示。参数含义如下。

图 B-135　边缘粗糙特效的参数面板

图 B-136　闪光灯特效的参数面板

- "明暗闪动颜色"：选择闪光灯的颜色。
- "与原始图像混合"：设置和原素材的混合程度值。
- "明暗闪动持续时间（秒）"：设置闪烁周期，以秒为单位。
- "明暗闪动间隔时间（秒）"：设置间隔时间，以秒为单位。
- "随机明暗闪动概率"：设置频闪的随机概率。
- "闪光"：设置闪光的方式。
- "闪光运算符"：选择闪光与素材的混合模式。
- "随机植入"：设置频闪的随机性。

(12) 阈值特效。

阈值特效可以将素材转换为黑白效果。其参数面板，如图 B-137 所示。参数含义如下。

"色阶"：设置素材中黑白比例的大小。图 B-138 所示分别是级别为 60 和 120 的对比效果。

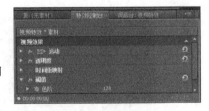

图 B-137　阈值特效的参数面板

图 B-138　级别为 60 的效果

图 B-139　级别为 120 的效果

(13) 马赛克特效。

马赛克特效可以将素材画面产生出马赛克效果。其参数面板如图 B-140 所示。参数含义如下。

- "水平块"：设置水平方向上的方块数量。

- "垂直块"：设置垂直方向上的方块数量。
- "锐化颜色"：设置马赛克边缘的锐化程度。

9. 时间类视频特效

时间类视频特效主要用于设置素材的时间特性，有重影和抽帧两种特效。其面板如图 B-141 所示。

图 B-140　马赛克特效的参数面板

图 B-141　时间类视频特效的面板

（1）抽帧特效。

抽帧特效可以设置素材的帧率，从而产生跳帧的播放效果。其参数面板如图 B-142 所示。参数含义如下。

"帧速率"：设置素材的播放帧速度。

（2）重影特效。

重影特效可以使视频素材产生重叠效果。其参数面板如图 B-143 所示。参数含义如下。

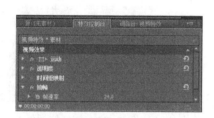

图 B-142　抽帧特效的参数面板

图 B-143　重影特效的参数面板

- "回显时间（秒）"：设置延时重影图像的产生时间。图 B-144 和图 B-145 所示分别是重影时间为-0.033 和 0.8 的对比效果。

图 B-144　重影时间为-0.033 的效果

图 B-145　重影时间为 0.8 的效果

- "重影数量"：设置重影的数量。
- "起始强度"：设置当前帧出现的强度。
- "衰减"：设置素材的帧与帧之间的混合程度。
- "重影运算符"：选择运算的模式。

10. 变换类视频特效

变换类视频特效主要是对素材进行旋转、裁剪等操作，包括摄像机视图、剪裁、羽化边缘、水平翻转、水平保持、垂直翻转，垂直保持 7 种特效。其面板如图 B-146 所示。

（1）垂直保持特效。

垂直保持特效可以使素材在垂直方向上滚动。其参数面板如图 B-147 所示。

图 B-146　变换类视频特效的面板

图 B-147　垂直保持特效的参数面板

垂直保持特效没有参数选项。图 B-148 和图 B-149 所示分别是未添加和添加垂直保持的对比效果。

图 B-148　未添加垂直保持的效果

图 B-149　添加垂直保持的效果

（2）垂直翻转特效。

垂直翻转特效可以使素材垂直翻转。其参数面板如图 B-150 所示。

垂直翻转特效没有参数选项，并且使用方法与水平翻转相同。

（3）摄像机视图特效。

摄像机视图特效可以将素材锁定到一个指定的帧率，从而产生"跳帧"的播放效果。其参数面板如图 B-151 所示。参数含义如下。

- "经度"：设置摄像机拍摄的水平角度。图 B-152 和图 B-153 所示为经度为 0 和 140 时的对比效果。

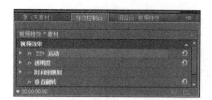

图 B-150　垂直翻转特效的参数面板

图 B-151　摄像机视图特效的参数面板

图 B-152　经度为 0 时的效果

图 B-153　经度为 140 时的效果

- "纬度"：设置摄像机拍摄的垂直角度。
- "垂直滚动"：设置摄像机绕自身旋转拍摄的效果。
- "焦距"：设置摄像机的焦距。
- "距离"：设置摄像机与素材之间的距离。
- "缩放"：设置缩放。
- "填充颜色"：设置素材空白区域的填充颜色。

（4）水平保持特效。

水平保持特效可以使素材在水平方向上产生倾斜。其参数面板如图 B-154 所示。参数含义如下。

"偏移"：设置素材在水平方向上的偏移程度。

（5）水平翻转特效。

水平翻转特效可以将素材进行水平翻转。其参数面板如图 B-155 所示。

图 B-154　水平保持特效的参数面板

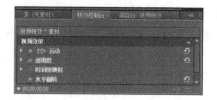

图 B-155　水平翻转特效的参数面板

"水平翻转"特效没有参数选项。图 B-156 和图 B-157 所示，分别是未添加水平翻转与添加水平翻转的对比效果。

图 B-156　未添加水平翻转的效果

图 B-157　添加水平翻转的效果

（6）羽化边缘特效。

羽化边缘特效可以对素材边缘进行羽化处理。其参数面板如图 B-158 所示。参数含义如下。

"数量"：设置边缘羽化的程度。

（7）裁剪特效。

裁剪特效可以对素材进行剪裁。其参数面板如图 B-159 所示。参数含义如下。

图 B-158　羽化边缘特效的参数面板

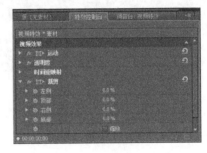

图 B-159　裁剪特效的参数面板

- "左侧"：设置左边的剪裁程度。
- "顶部"：设置顶部边的剪裁程度。
- "右侧"：设置右边的剪裁程度。
- "底部"：设置底部边的剪裁程度。
- "缩放"：在剪裁的同时对素材进行自动缩放。

11．过渡类视频特效

过渡类视频特效主要用于制作素材间的过渡效果，与转场特效相似，但该类特效可以单独对素材进行使用。过渡特效包含块溶解、渐变擦除、径向擦除、线性擦除、百叶窗 5 种特效。其面板如图 B-160 所示。

（1）块溶解特效。

块溶解特效可以使素材产生随机板块溶解图像。其参数面板如图 B-161 所示。参数含义如下。

图 B-160　过渡类视频特效的面板

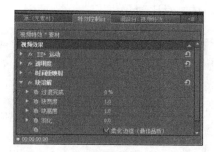
图 B-161　块溶解特效的参数面板

● "过渡完成"：设置素材过渡的百分比。图 B-162 和图 B-163 所示分别是块溶解为 0 和 20%的对比效果。

图 B-162　块溶解为 0 的效果

图 B-163　块溶解为 20%的效果

● "块宽度"：设置块的宽度。
● "块高度"：设置块的高度。
● "羽化"：设置块边缘的羽化程度。
● "边缘柔化（最佳品质）"：使块的边缘更柔和。

（2）径向擦除特效。

径向擦除特效可以使素材产生径向擦除的效果。其参数面板如图 B-164 所示。参数含义如下。

图 B-164　径向擦除特效的参数面板

● "过渡完成"：设置素材擦除的百分比。图 B-165 和图 B-166 所示分别是过渡完成为 0

和 20%的对比效果。

图 B-165　过渡完成为 0 的效果　　　　图 B-166　过渡完成为 20%的效果

- "起始角度"：设置径向擦除的角度。
- "擦除中心"：设置径向擦除的中心位置。
- "擦除"：设置径向擦除的方式，包括顺时针、逆时针和都有 3 种方式。
- "羽化"：设置边缘羽化程度。

（3）渐变擦除特效。

渐变擦除特效是以某一轨道素材为条件，对素材进行擦除。其参数面板如图 B-167 所示。参数含义如下。

- "过渡完成"：设置素材擦除的百分比。
- "过渡柔和度"：设置边缘柔化程度。
- "渐变图层"：选择渐变图层。
- "渐变位置"：设置擦除的方式，包括平铺、居中和拉伸 3 种方式。
- "反向渐变"：可以反转擦除效果。

（4）百叶窗特效。

百叶窗特效可以使素材产生百叶窗过渡的效果。其参数面板如图 B-168 所示。参数含义如下。

图 B-167　渐变擦除特效的参数面板　　　　图 B-168　百叶窗特效的参数面板

- "过渡完成"：设置素材擦除的百分比。图 B-169 和图 B-170 所示，分别是过渡完成为 0 和 40%的对比效果。
- "方向"：设置百叶窗过渡的方向。
- "宽度"：设置百叶窗的宽度。

- "羽化"：设置边缘羽化程度。

图 B-169　过渡完成为 0 的效果

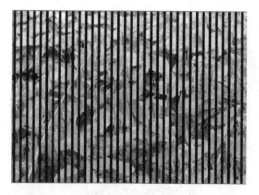
图 B-170　过渡完成为 40%的效果

（5）线性擦除特效。

线性擦除特效可以使素材产生逐渐擦除的效果。其参数面板如图 B-171 所示。参数含义如下。

- "过渡完成"：设置素材擦除的百分比。
- "擦除角度"：设置擦除的角度。
- "羽化"：设置擦除边缘的羽化程度。

12. 实用类视频特效

实用类视频特效主要用于设置素材颜色的输入与输出。该组特效中只有 Cineom 转换特效。其面板如图 B-172 所示。

图 B-171　线性擦除参特效数面板

Cineon 转换特效是对素材的色调进行对数和线性间转换。其参数面板如图 B-173 所示。参数含义如下。

图 B-172　实用类视频特效的面板

图 B-173　Cineon 转换特效的参数面板

- "转换类型"：设置色调的转换方式。
- "10 位黑场"：以 10 位数设置素材的黑场效果。
- "内部黑场"：设置自身黑场。
- "10 位白场"：以 10 位数设置素材的白场效果。
- "内部白场"：设置自身白场。
- "灰度系数"：调整素材的灰度级数。
- "高光滤除"：消除高光部分的过度曝光。图 B-174 和图 B-175 所示分别是高光滤除为

0 和 150 的对比效果。

图 B-174　高光滤除为 0 的效果

图 B-175　高光滤除为 150 的效果

13. 视频类视频特效

视频类视频特效中只包含时间码视频特效。其面板如图 B-176 所示。

时间码特效是在素材上添加与摄像机同步的时间码，方便编辑与对位。其参数面板，如图 B-177 所示。参数含义如下。

图 B-176　视频类视频特效的面板

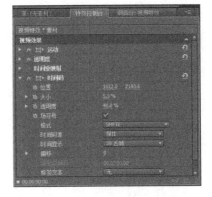

图 B-177　时间码特效的参数面板

- "位置"：设置时间码在素材上的位置。
- "大小"：设置时间在素材上的大小。
- "透明度"：设置时间码背景在素材上的不透明度。图 B-178 和图 B-179 所示，分别是透明度为 40%和 100%的对比效果。

图 B-178　不透明度为 40%的效果

图 B-179　不透明度为 100%的效果

多媒体制作

- "场符号"：可显示素材的场景符号。
- "格式"：设置时间码的显示方式。
- "时间码源"：设置是时间码的产生方式。
- "时间显示"：设置时间码的显示制式。
- "偏移"：设置时间码的偏移帧数。
- "标签文本"：为时间码添加标签文字。